“十四五”高等教育机电类专业系列教材

电路电子技术实验及应用设计

凌　铭◎主　编

王晓丽　缪月琴　梁鉴如◎副主编

中国铁道出版社有限公司

CHINA RAILWAY PUBLISHING HOUSE CO., LTD.

内容简介

本书是一本电路电子技术实验基础教材。书中根据应用型本科院校和工程教育认证的需求，总结了电路电子技术实验方面的教学思想、方法和手段，在介绍基本电子元器件、常用仪器仪表使用方法基础上，详细介绍了电路实验、数字电子技术实验、模拟电子技术实验共二十个实验。为强化应用设计，依据上述实验内容，深入浅出地介绍了 Proteus 和 Arduino 的使用方法，并提供了四个典型工程应用设计案例。

全书重点突出，强调实验基础训练，强化应用设计，简明易读，可操作性强。

本书适合作为应用型本科院校机械类、电气类、电子信息类等相关专业实验单独设课的教材，也可作为非单独设课院校及工程技术人员的参考书。

图书在版编目(CIP)数据

电路电子技术实验及应用设计/凌铭主编．—北京：中国铁道出版社有限公司，2023.2

"十四五"高等教育机电类专业系列教材

ISBN 978-7-113-29931-6

Ⅰ．①电…　Ⅱ．①凌…　Ⅲ．①电路-实验-高等学校-教材②电子技术-实验-高等学校-教材　Ⅳ．①TM13-33②TN01-33

中国国家版本馆 CIP 数据核字(2023)第 015775 号

书　　名：电路电子技术实验及应用设计

作　　者：凌　铭

策　　划：曹莉群　　　　**编辑部电话：**(010)63551926

责任编辑：曾露平　绳　超

封面设计：郑春鹏

责任校对：安海燕

责任印制：樊启鹏

出版发行：中国铁道出版社有限公司(100054，北京市西城区右安门西街 8 号)

网　　址：http://www.tdpress.com/51eds/

印　　刷：河北宝昌佳彩印刷有限公司

版　　次：2023 年 2 月第 1 版　2023 年 2 月第 1 次印刷

开　　本：787 mm×1 092 mm　1/16　**印张：**7　**字数：**190 千

书　　号：ISBN 978-7-113-29931-6

定　　价：24.00 元

前言

现代社会对受过工程技术训练、掌握基础理论的应用型大学毕业生需求越来越大，高等教育要顺应此要求，学生在掌握实验知识的同时，对应用性、工程化问题也要有必要的基础，以适应社会对应用型人才的需求。因此编写一本适用于应用型本科生使用的、具有工程应用视角的实验教材具有重要意义。

本书内容以上海工程技术大学电学基础实验室设备为依托，全书分为基本电子元器件、常用仪器仪表介绍、电路实验、数字电子技术实验、模拟电子技术实验、工程应用设计基础六章。学生首先掌握实验器件器材，熟悉各种设备操作使用，进而开始电路实验、数字电子技术实验、模拟电子技术实验，最后完成工程应用设计。全书本着简明、实用、系统的编写原则，努力体现“教、学、做、思”一体化，着重培养学生的自学能力、动手能力和设计能力，致力于用实践手段来帮助学生熟练掌握电学基础理论和概念，进而达到基础工程设计的能力。

通过各种仿真平台和单片机应用，进行应用设计，是现代工程技术的基本手段。本书工程应用设计基础一章中除以典型应用为案例进行设计外，还详细介绍了 Proteus 仿真设计软件和 Arduino 单片机，以“搭建仿真电路”“编写程序”“硬件调试”等要点为主线，强化软件设计指导思想，突出仿真功能(仿真电路的图形符号与国家标准符号不符，二者对照关系参见附录 A)。在完成四个典型应用案例设计后，完成综合设计，进而考核学生应用设计能力，扩展学生工程实践水平。

学生通过本书的学习，可以较好地完成电路与电子技术实验，并会运用通用的仿真软件工具，最终进行基础的工程应用设计。在达到教学要求的基础上，拓展工程实践能力，满足社会发展的需求。

本书由上海工程技术大学凌铭任主编，王晓丽、缪月琴、梁鉴如任副主编。周顺对电路实验、数字电子技术实验、模拟电子技术实验章节提供了宝贵的意见和建议，在此表示衷心感谢！

由于编者水平有限，书中疏漏之处在所难免，欢迎广大读者批评指正。

编　者

2022 年 9 月

前言

目录

第一章 基本电子元器件

电子元器件是为表示自然界中客观存在的电气特性而抽象出来的模型符号总称。它们的种类有限,且相对稳定,是组成电路原理图的基本元素,也可用来构成电子元器件模型。基本电子元器件有电阻器、电容器、电感器等。

电子元器件可分为有源元件和无源元件两大类。无源元件是指没有电压、电流或功率放大能力的元件。这类元件常用的有电阻器、电容器、电感器、二极管等。有源元件是指具有电压、电流或功率放大(或控制)作用的元件,例如三极管、场效应管及运算放大器等。

第一节 电 阻 器

1. 概念

电阻器(简称电阻)是用导体制成的具有一定阻值的元件。电阻是导体的一种基本性质,其大小与导体的尺寸、材料、温度有关。

作用:主要作用就是阻碍电流流过,应用于限流、分流、降压、分压、与电容配合作为滤波器及阻抗匹配等。

2. 电阻的分类

(1)按阻值特性分类:可分为固定电阻、可调电位器和特种电阻/敏感电阻,如图1-1-1所示。

(a)固定电阻

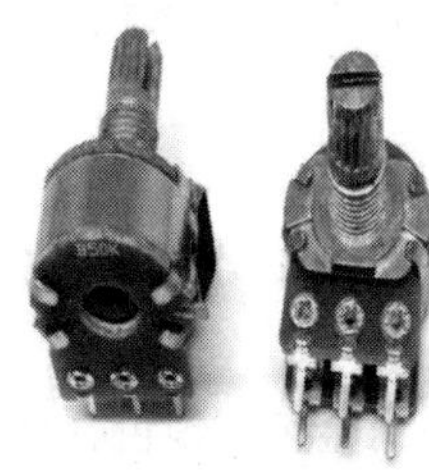

(b)可调电位器

(c)特种电阻/敏感电阻

图1-1-1 电阻按阻值特性分类

(2)按制造材料分类:可分为碳膜电阻、线绕电阻、金属膜电阻、水泥电阻、被釉线绕电阻,如图1-1-2所示。

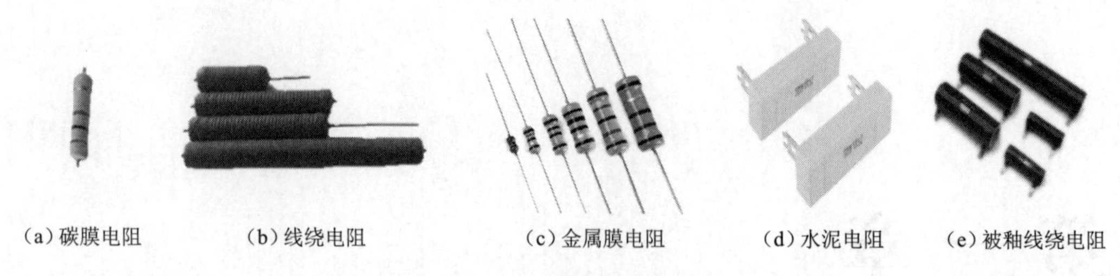

(a)碳膜电阻　(b)线绕电阻　(c)金属膜电阻　(d)水泥电阻　(e)被釉线绕电阻

图 1-1-2　电阻按制造材料分类

(3)按安装方式分类:可分为插件电阻、贴片电阻,如图 1-1-3 所示。

图 1-1-3　贴片电阻

3. 电阻的主要参数

(1)标称阻值:标称在电阻器上的电阻值称为标称阻值。单位为 Ω、kΩ、MΩ。标称阻值是根据国家制定的标准系列标注的,不是生产者任意标定的。不是所有阻值的电阻器都存在。

(2)允许误差:电阻器的实际阻值对于标称阻值的最大允许偏差范围称为允许误差。误差代码为 F、G、J、K 等。

(3)额定功率:指在规定的环境温度下,假设周围空气不流通,在长期连续工作而不损坏或基本不改变电阻器性能的情况下,电阻器上允许消耗的功率。常见的额定功率有(1/16)W、(1/8)W、(1/4)W 、(1/2)W、1 W 、2 W、5 W、10 W。

4. 阻值和误差的标注方法

(1)直标法:将电阻器的主要参数和技术性能用数字或字母直接标注在电阻体上,如 5.1 kΩ 5% 或 5.1 kΩ J。

(2)文字符号法:将文字、数字两者有规律组合起来表示电阻器的主要参数,如 0.1 Ω = Ω 1 = 0R1、3.3 Ω = 3Ω3 = 3R3、3k3 = 3.3 kΩ。

(3)色标法:用不同颜色的色环来表示电阻器的阻值及误差等级。普通电阻一般用四色环表示,精密电阻用五色环表示。

颜色和数字的对应关系:黑代表 0,棕代表 1,红代表 2,橙代表 3,黄代表 4,绿代表 5,蓝代表 6,紫代表 7,灰代表 8,白代表 9。

“四色环”读数规则:从左向右数,第一、二色环表示两位有效数字,第三色环表示数字后面添加“0”的个数。所谓“从左向右”,四条色环中,有三条相互之间的距离靠得比较近,而第四色环距离其他稍微大一些。

(4)贴片电阻标注方法:前两位表示有效数字,第三位表示有效数字后加“0”的个数,0 ~ 10 Ω 的带小数点电阻值表示为 × R ×,如 471 = 470 Ω、105 = 1 MΩ、2R2 = 2.2 Ω。

5. 色环电阻第一色环的确定

(1)四色环电阻:因表示误差的色环只有金色或银色,色环中的金色或银色色环一定是第四色环。

(2)五色环电阻:

①从阻值范围判断:因为一般电阻范围是 0 ~ 10 MΩ,如果读出的阻值超过这个范围,可能是第一色环选错了。

②从误差环的颜色判断:表示误差的色环颜色有银、金、紫、蓝、绿、红、棕,如靠近电阻器端头的

色环不是误差颜色,则可确定为第一色环。

6. 电阻器命名方法

电阻器命名方法见表 1-1-1。

表 1-1-1　电阻器命名方法

第一部分:主称		第二部分:材料		第三部分:特征分类		第四部分:序号
符号	意义	符号	意义	符号	意义	
R	电阻器	T	碳膜	1	普通	用数字表示
		H	合成膜	2	普通	
		S	有机实心	3	超高频	
		N	无机实心	4	高阻	
		J	金属膜	5	高温	
		Y	氧化膜	6	—	
		I	玻璃釉膜	7	精密	
		X	线绕	8	高压	
				9	特殊	
				G	高功率	

第二节　电　容　器

1. 概念

电容器(简称电容)是表征一种将外部电能与电场内部储能进行相互转换的理想元件,用字母 C 表示。电容器容量的单位是法拉(F),简称法,常用的辅助单位有微法(μF)和皮法(pF)。

2. 电容的分类

(1)按照结构分:固定电容、可变电容和微调电容。

(2)按电解质分:有机介质电容、无机介质电容、电解电容、电热电容和空气介质电容。

(3)按用途分:高频旁路电容、低频旁路电容、滤波电容、调谐电容、高频耦合电容、低频耦合电容、小型电容。

①高频旁路电容:包括陶瓷电容、云母电容、玻璃膜电容、涤纶电容、玻璃釉电容,如图 1-2-1 所示。

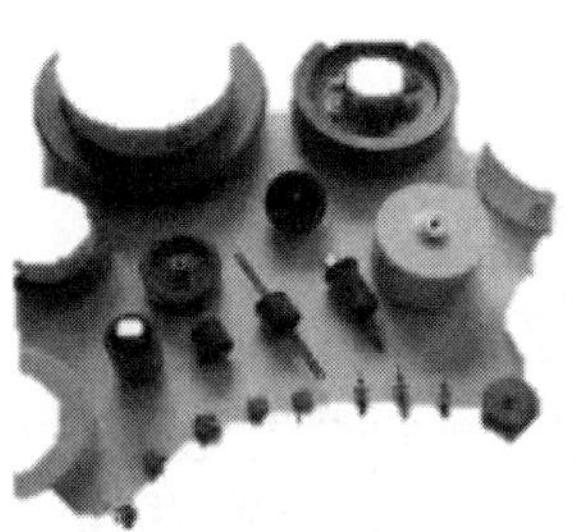

(a) 陶瓷电容

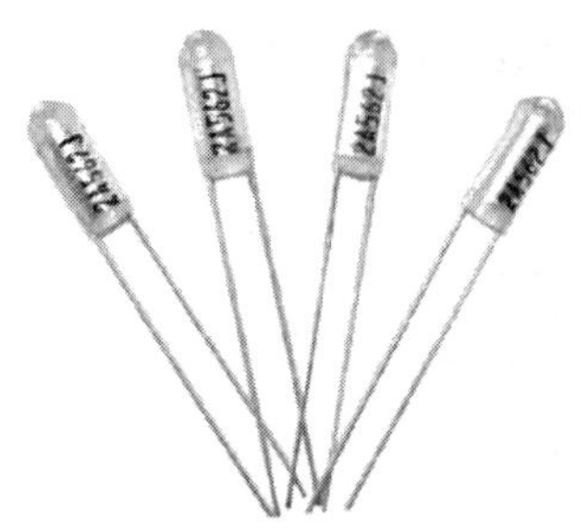

(b) 玻璃釉电容

图 1-2-1　高频旁路电容

②低频旁路电容：包括纸介电容、陶瓷电容、铝电解电容、涤纶电容，如图1-2-2所示。

（a）纸介电容

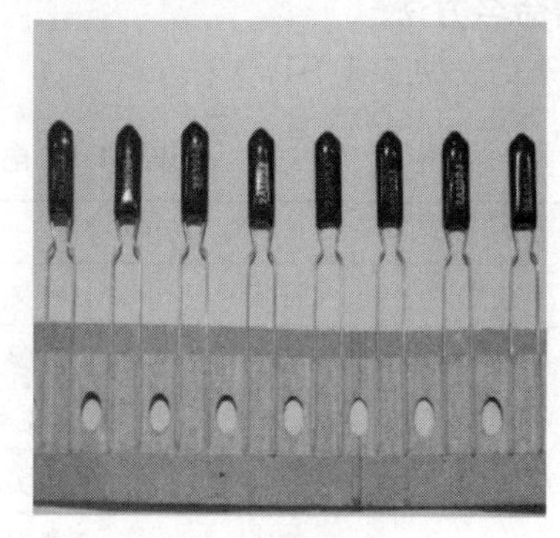
（b）涤纶电容

图1-2-2 低频旁路电容

③滤波电容：包括铝电解电容、纸介电容、复合纸介电容、液体钽电容。

④调谐电容：包括陶瓷电容、云母电容、玻璃膜电容、聚苯乙烯电容。

⑤低频耦合电容：包括纸介电容、陶瓷电容、铝电解电容、涤纶电容、固体钽电容。

⑥小型电容：包括金属化纸介电容、陶瓷电容、铝电解电容、聚苯乙烯电容、固体钽电容、玻璃釉电容、金属化涤纶电容、聚丙烯电容、云母电容。

（4）按制造材料分：瓷介电容、涤纶电容、电解电容、钽电容、聚丙烯电容，如图1-2-3所示。

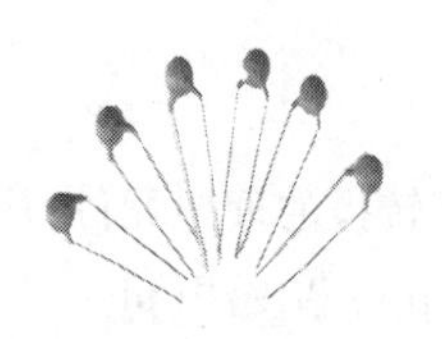
（a）瓷介电容

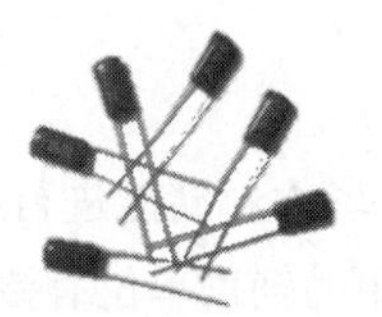
（b）涤纶电容

（c）电解电容

（d）钽电容

图1-2-3 电容按制造材料分类

3. 电容器的命名方法

国产电容器的命名由四部分组成：

第一部分：用字母表示主称，电容器为C。

第二部分：用字母表示材料（见表1-2-1）。

第三部分：用数字表示分类。

第四部分：用数字表示序号。

表1-2-1 字母与材料的对应关系

符号	意　义	符号	意　义
C	高频陶瓷介质	I	玻璃釉介质
T	低频陶瓷介质	O	玻璃膜介质

续上表

符号	意　义	符号	意　义
Y	云母介质	H	复合介质
V	云母纸介质	D	铝电解
Z	纸介质	A	钽电解
J	金属化纸介质	G	合金电解
B	聚苯乙烯等非极性有机薄膜介质	N	铌电解
L	聚酯等极性有机薄膜介质	E	其他材料电解
Q	漆膜介质		

4. 电容的标注方法

(1)直标法:用字母和数字把型号、规格直接标在电容外壳上。

(2)文字符号法:用数字、文字符号有规律的组合来表示电容量。文字符号表示电容量的符号有 p、n、u、m、F 等,和电阻的表示方法相同。允许误差也和电阻的表示方法相同。小于 10 pF 的电容,其允许误差用字母代替:B 表示 ±0.1 pF,C 表示 ±0.2 pF,D 表示 ±0.5 pF,F 表示 ±1 pF。

(3)色标法:和电阻的表示方法相同,单位一般为 pF。小型电解电容的耐压也有用色标法的,位置靠近正极引出线的根部,所表示的意义见表 1-2-2。

表 1-2-2　颜色与耐压的对应关系

颜色	黑	棕	红	橙	黄	绿	蓝	紫	灰
耐压/V	4	6.3	10	16	25	32	40	50	63

第三节　电　感　器

1. 概念

电感器又称电感线圈(简称电感),是由绕在支架或磁性材料上的导线组成的,是一种储能元件,在电路中常用于耦合、滤波、延迟、谐振等。

电感用字母 L 表示,基本单位是亨利(H),简称亨。常用辅助单位有毫亨(mH)、微亨(μH)、皮亨(pH)。

2. 电感的分类

电感可按结构、工作方式、功能等不同形式进行分类。电感器的图形符号如图 1-3-1 所示。

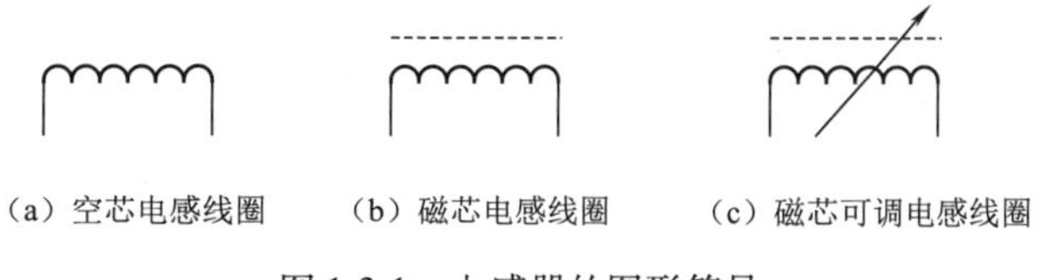

(a) 空芯电感线圈　(b) 磁芯电感线圈　(c) 磁芯可调电感线圈

图 1-3-1　电感器的图形符号

3. 电感的主要参数

电感的主要参数有标称值、最大允许电流、品质因数和分布电容等。

1）标称值

电感器的标称值是指在正常工作条件下该电感器的电感量，一般在电感器上都有标明。铁芯电感线圈的标称值是指线圈在额定电压（电流）条件下的电感量。同电阻器和电容器一样，电感器的标称值也有一定误差，常用允许误差为5%～20%。

2）最大允许电流

电感器工作时的电流不得超过其最大允许电流。有些可变电感器当旋钮在不同的示值下，其最大允许电流是不同的，使用时应特别注意。此外，还要注意电感器在大电流的长时间作用下，将引起一定的温升，进而导致电感器某些参数的变化。

3）品质因数

电感器等效阻抗的虚部与实部之比称为电感器的品质因数，用 Q_L 表示。通常希望 Q_L 值越高越好，以保证损耗功率小，电路效率高，选择性好。由于电感器的等效电阻 R 和等效电抗 X 都是频率的函数，所以 Q_L 是随着频率变化的，若是非线性的电感器，还随电压和电流的大小而改变。

4）分布电容

电感线圈的匝与匝之间、层与层之间、绝缘层与骨架之间都存在着分布电容。

4. 常用电感

与电阻器和电容器不同，电感没有品种齐全的标准产品，特别是一些高频小电感，通常需要根据电路要求自行设计制作。小型固定电感（色码电感）是指由厂家制造的带有磁芯的电感，其电感量通常为0.1 μH～300 mH，工作频率为10 kHz～200 MHz，如图1-3-2所示。这种电感的最大允许电流比较小，直流电阻较大，不宜用作谐振电路。采用罐形磁芯制作的电感具有较高的磁导率和电感量，通常用于LC滤波器和谐振电路中。

图1-3-2　小型固定电感

第二章 常用仪器仪表介绍

第一节 双通道示波器

1. 功能检查

（1）按 Default 将示波器恢复为默认设置。

（2）将探头的接地鳄鱼夹与探头补偿信号输出端下面的“接地端”相连。将探头 BNC 端连接示波器的通道输入端，另一端连接示波器补偿信号输出端，如图 2-1-1 所示。

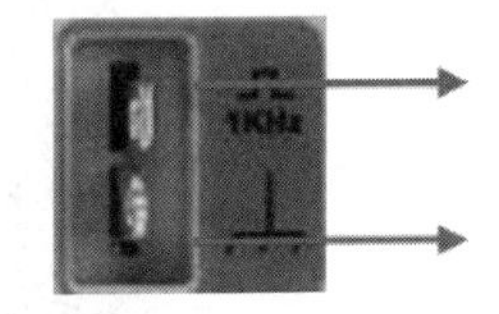

图 2-1-1 探头连接信号

（3）按 Auto Setup 键。

（4）观察示波器显示屏上的波形，正常情况下应显示图 2-1-2 所示波形。

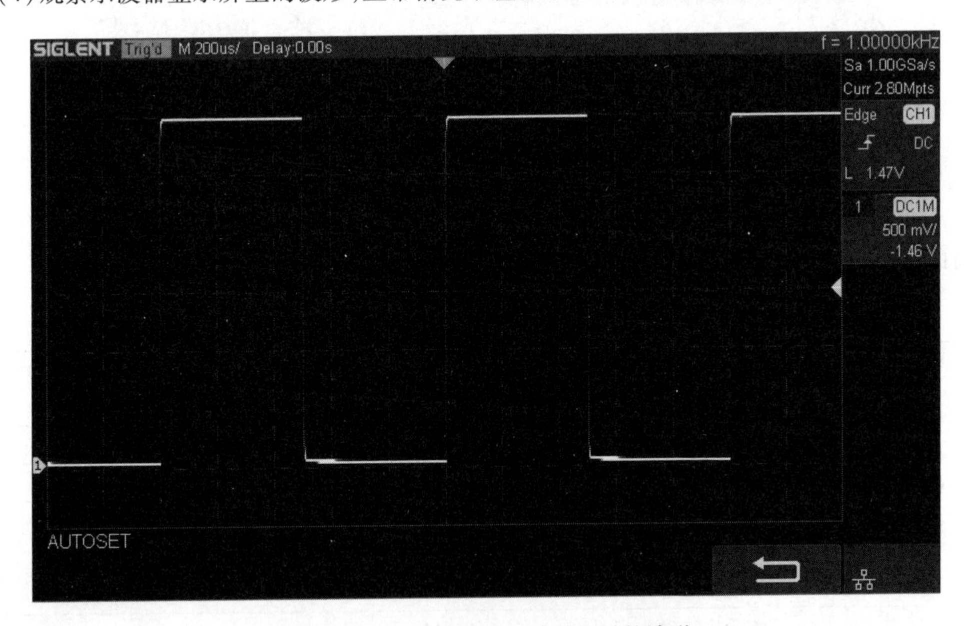

图 2-1-2 正常情况下示波器显示的波形

(5)用同样的方法检查其他通道。若屏幕显示的方波形状与图 2-1-2 不符,请执行下面的“探头补偿”操作。

2. 探头补偿

首次使用探头时,应进行探头补偿调节,使探头与示波器输入通道匹配。未经补偿或补偿偏差的探头会导致测量偏差或错误。探头补偿步骤如下:

(1)执行“功能检查”中的步骤(1)~步骤(5)。

(2)检查所显示的波形形状并与图 2-1-3 对比。

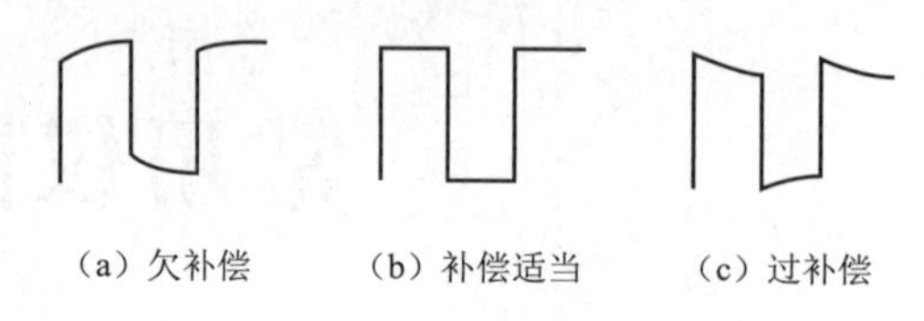

(a)欠补偿　(b)补偿适当　(c)过补偿

图 2-1-3　波形形状

(3)用非金属质地的螺丝刀调整探头上的低频补偿调节孔,直到显示的波形如图 2-1-3(b)所示。

3. 前面板

前面板如图 2-1-4 所示。

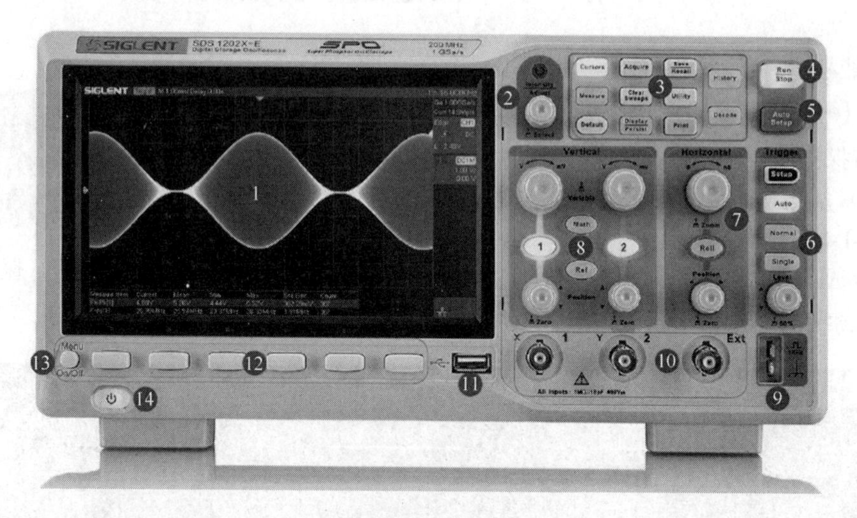

图 2-1-4　前面板

前面板屏幕说明见表 2-1-1。

表 2-1-1　前面板屏幕说明

编　号	说　明	编　号	说　明
1	屏幕显示区	8	垂直通道控制区
2	多功能旋钮	9	补偿信号输出端/接地端
3	常用功能区	10	模拟通道和外触发输入端
4	停止/运行	11	USB Host 端口
5	自动设置	12	菜单软键
6	触发系统	13	Menu On/Off 软键
7	水平控制系统	14	电源软开关

4. 水平控制

水平控制如图 2-1-5 所示，其按键功能如下：

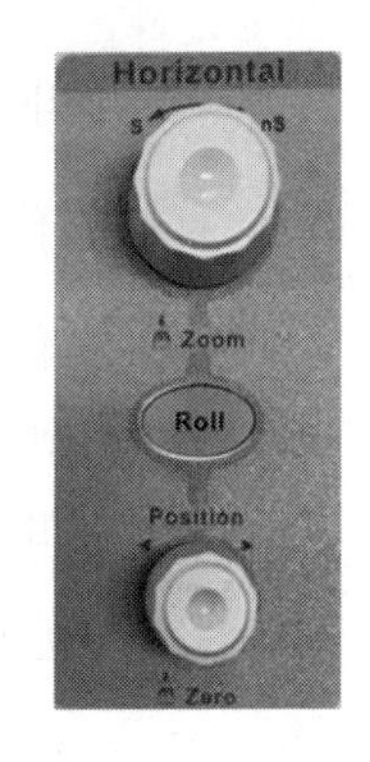

图 2-1-5 水平控制

Roll：按下该键快速进入滚动模式。滚动模式的时基范围为 50 ms/div ~ 100 s/div。

：水平 Position，修改触发位移。旋转旋钮时，触发点相对于屏幕中心左右移动。修改过程中，所有通道的波形同时左右移动，屏幕上方的触发位移信息也会相应变化。按下该按钮，可将触发位移恢复为 0。

：水平挡位，修改水平时基挡位。顺时针旋转减小时基，逆时针旋转增大时基。修改过程中，所有通道的波形被扩展或压缩，同时屏幕上方的时基信息相应变化。按下该按钮，快速开启 Zoom 功能。

5. 垂直控制

垂直控制如图 2-1-6 所示，其按键功能如下：

图 2-1-6 垂直控制

：模拟输入通道。两个通道标签用不同颜色标识，且屏幕中波形颜色和输入通道连接器的颜色相对应。按下通道按键，可打开相应通道及其菜单，连续按下两次则关闭该通道。

：垂直 Position，修改对应通道波形的垂直位移。修改过程中，波形会上下移动，屏幕中下方弹出的位移信息会相应变化。按下该按钮，可将垂直位移恢复为 0。

：垂直电压挡位，修改当前通道的垂直挡位。顺时针转动减小挡位，逆时针转动增大挡位。修改过程中，波形幅度会增大或减小，同时屏幕右方的挡位信息会相应变化。按下该按钮，可快速切换垂直挡位调节方式为“粗调”或“细调”。

Math：按下该键打开波形运算菜单。可进行加、减、乘、除、FFT（快速傅里叶变换）、积分、微分、平方根等运算。

Ref：按下该键打开波形参考功能。可将实测波形与参考波形相比较，判断电路故障。

6. 触发控制

触发控制如图 2-1-7 所示，其按键功能如下：

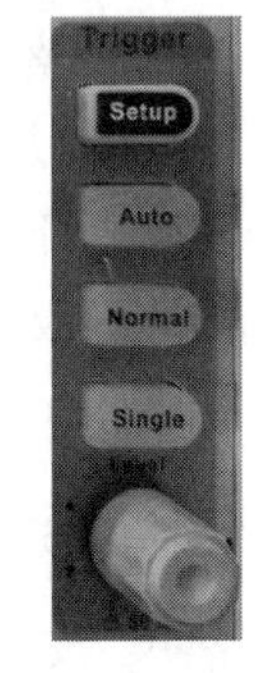

图 2-1-7 触发控制

Setup：按下该键打开触发功能菜单。本示波器提供边沿、斜率、脉宽、视频、窗口、间隔、超时、欠幅、码型和串行总线（I2C/SPI/URAT/RS232/CAN/LIN）等丰富的触发类型。

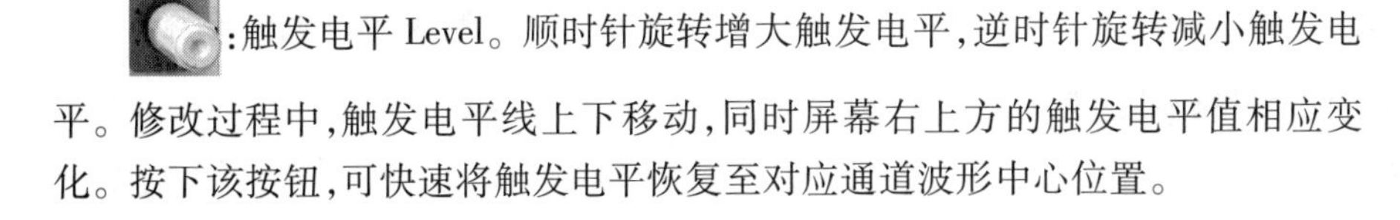

：触发电平 Level。顺时针旋转增大触发电平，逆时针旋转减小触发电平。修改过程中，触发电平线上下移动，同时屏幕右上方的触发电平值相应变化。按下该按钮，可快速将触发电平恢复至对应通道波形中心位置。

Auto:按下该键切换触发模式为 Auto(自动)模式。

Normal:按下该键切换触发模式为 Normal(正常)模式。

Single:按下该键切换触发模式为 Single(单次)模式。

7. 运行控制

运行控制如图 2-1-8 所示,其按键功能如下:

图 2-1-8 运行控制

Run/Stop:按下该键可将示波器的运行状态设置为"运行"或"停止"。"运行"状态下,该键黄灯被点亮;"停止"状态下,该键红灯被点亮。

Auto Setup:按下该键开启波形自动显示功能。示波器将根据输入信号自动调整垂直挡位、水平时基及触发方式,使波形以最佳方式显示。

8. 功能菜单

功能菜单如图 2-1-9 所示,其按键功能如下:

图 2-1-9 功能菜单

Cursors:按下该键直接开启光标功能。示波器提供手动和追踪两种光标模式,另外还有垂直和水平两个方向的两种光标测量类型。

Measure:按下该键快速进入测量系统,可设置测量参数、统计功能、全部测量、Gate 测量等。测量可选择并同时显示最多任意 4 种测量参数;统计功能则统计当前显示的所有选择参数的当前值、平均值、最小值、最大值、标准差和统计次数。

Default:按下该键快速恢复至用户自定义状态。

Acquire:按下该键进入采样设置菜单。可设置示波器的获取方式(普通/峰值检测/平均值/增强分辨率)、内插方式、分段采集和存储深度(7K/70K/700K/7M/14K/140K/1.4M/14M)。

Clear Sweeps:按下该键进入快速清除余辉或测量统计,然后重新采集或计数。

Display Persist:按下该键快速开启余辉功能。可设置波形显示类型、色温、余辉、清除显示、网格类型、波形亮度、网格亮度、透明度等。选择波形亮度/网格亮度/透明度后,通过多功能旋钮调节相应亮度。透明度指屏幕弹出信息框的透明程度。

Save Recall:按下该键进入文件存储/调用界面。可存储/调用的文件类型包括设置文件、二进制数据、参考波形文件、图像文件、CSV 文件、Matlab 文件和 Default 键预设。

Utility:按下该键进入系统辅助功能设置菜单。设置系统相关功能和参数,例如接口、声音等。

Print:按下该键保存界面图像到 U 盘中。

History:按下该键可快速进入历史波形菜单。历史波形模式最多可录制 80 000 帧波形。

Decode:按下该键打开解码功能菜单。

9. 用户界面

用户界面如图 2-1-10 所示。

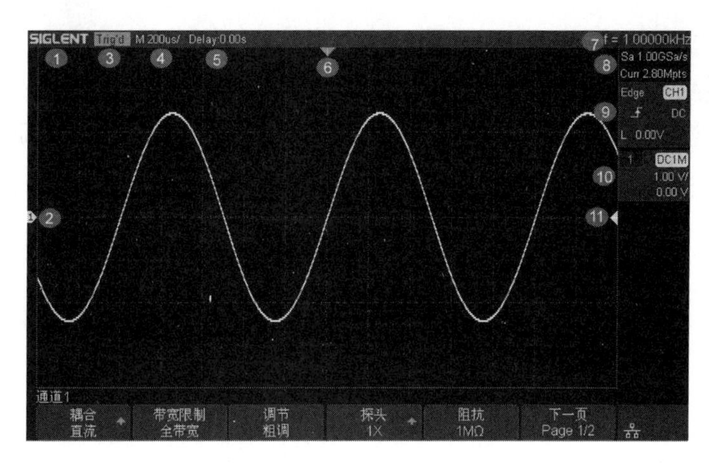

图 2-1-10　用户界面

图 2-1-10 中数字含义介绍如下：

（1）产品商标。SIGLENT 为本书选用示波器型号。

（2）通道标记/波形。不同通道用不同的颜色表示，通道标记和波形颜色一致。

（3）运行状态。可能的状态包括：Arm（采集预触发数据）、Ready（等待触发）、Trig（已触发）、Stop（停止采集）、Auto（自动）。

（4）水平时基。表示屏幕水平轴上每格所代表的时间长度。使用水平挡位旋钮可以修改该参数，可设置范围为 1 ns/div ~ 100 s/div。

（5）触发位移。使用水平 Position 旋钮可以修改该参数。顺时针旋转旋钮使得箭头（初始位置为屏幕正中央）向右移动，触发位移（初始值为 0）相应减小；逆时针旋转旋钮使得箭头向左移动，触发位移相应增大。按下该按钮，参数自动被设为 0，且箭头回到屏幕正中央。

（6）触发位置。显示屏幕中波形的触发位置。

（7）频率值。显示当前触发通道波形的硬件频率值。

（8）采样率/存储深度。显示示波器当前使用的采样率及存储深度。使用水平挡位旋钮可以修改采样率/存储深度。

（9）触发设置：

触发源 CH1：显示当前选择的触发源。选择不同的触发源时，标志不同，触发参数区的颜色也会相应改变。

触发耦合 DC：显示当前触发源的耦合方式。可选择的耦合方式有 DC、AC、LF Reject、HF Reject。

触发电平值 L 0.00V：显示当前触发通道电平值。按下触发按钮将参数自动设为 0。

（10）通道设置：

探头衰减系数 1X：显示当前开启通道所选的探头衰减比例。可选择的比例有 0.1×，0.2×，0.5×，…，1000×，2000×，5000×，10000×（1-2-5 步进）。

通道耦合 DC：显示当前开启通道所选的耦合方式。可选择的耦合方式有 DC、AC、GND。

电压挡位 500 mV/：表示屏幕垂直轴上每格所代表的电压大小。使用垂直 Position 旋钮可以修改该参数，可设置范围为 500 μV/div ~ 10 V/div。

带宽限B:若当前带宽为开启,则显示B标志。

输入阻抗1MΩ:显示当前开启通道的输入阻抗。

(11)触发电平位置。显示当前触发通道的触发电平在屏幕上的位置。按下触发按钮使电平自动回到屏幕中央。

第二节　信号发生器

1. 前面板

1)前面板总览

前面板总览如图 2-2-1 所示。

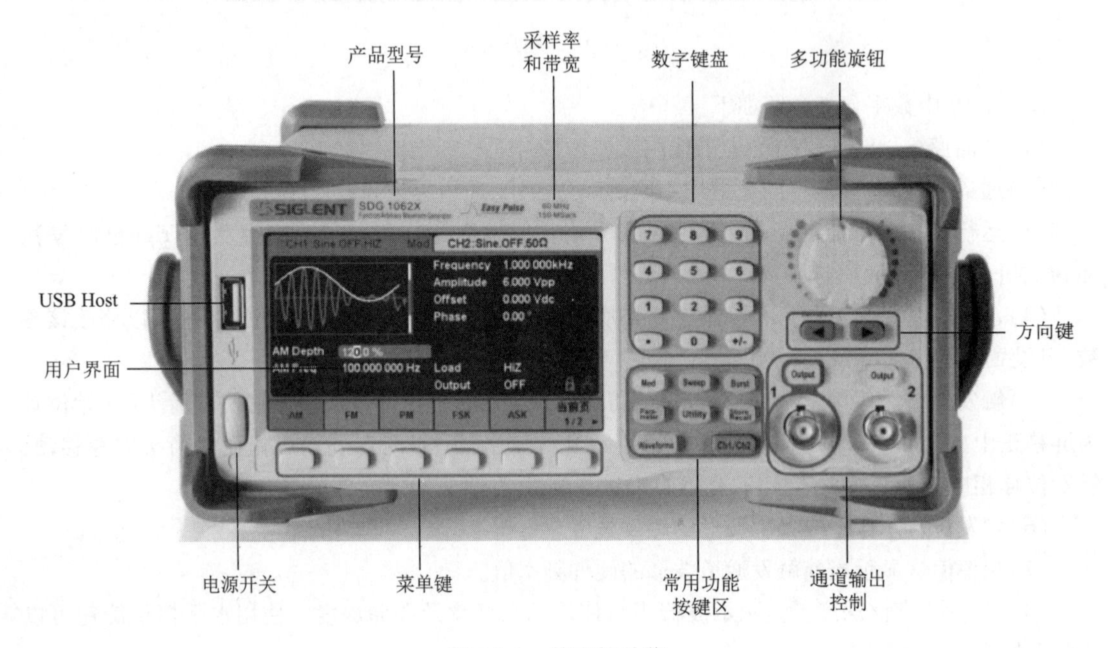

图 2-2-1　前面板总览

2)用户界面

SDG1000 只能显示一个通道的参数和波形。图 2-2-2 所示为 CH1 的选择正弦波的 AM 调制时的界面。基于当前功能的不同,界面显示的内容会有所不同。

图 2-2-2 说明如下:

(1)波形显示区:显示各通道当前选择的波形。

(2)通道输出配置状态栏:CH1 和 CH2 的状态显示区域指示当前通道的选择状态和输出配置。

(3)基本波形参数区:显示各通道当前波形的参数设置。按相应的菜单软键后使需要设置的参数突出显示,然后通过数字键盘或旋钮改变该参数。

(4)通道参数区:显示当前选择通道的负载设置和输出状态。

Load:负载。按 Utility→输出设置→负载,然后通过菜单软键、数字键盘或旋钮改变该参数;长按相应的 Output 键 2 s 即可在高阻和 50 Ω 间切换。高阻:显示 HiZ;负载:显示阻值(默认为 50 Ω,范围为 50 Ω ~ 100 kΩ)。

Output:输出。按相应的通道输出控制端,可以打开或关闭当前通道。

ON:打开;OFF:关闭。

(5)网络提示符。

(6)模式提示符。

(7)菜单。显示当前已选中功能对应的操作菜单。例如:图 2-2-2 显示正弦波的 AM 调制菜单。

(8)调制参数区。显示当前通道调制功能的参数。选择相应的菜单后,通过数字键盘或旋钮改变参数。

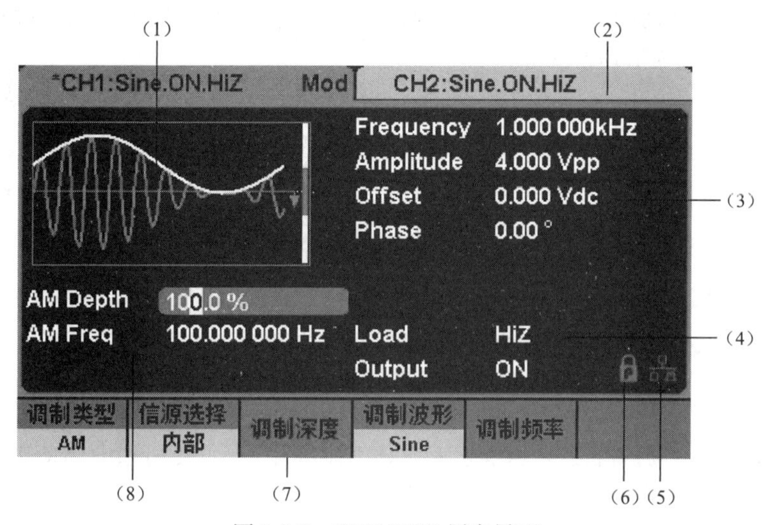

图 2-2-2　SDG1000X 用户界面

2. 功能设置

下面主要介绍 SDG1000X 功能设置,包括通道输出控制、数字输入控制等。

1)通道输出控制

在 SDG1000X 方向键的下面有两个输出控制按键,如图 2-2-3 所示。使用 Output 键,将开启/关闭前面板的输出接口的信号输出。选择相应的通道,按下 Output 键,该按键灯被点亮,同时打开输出开关,输出信号;再次按 Output 键,将关闭输出。长按Output 键可在 50 Ω 和 HiZ 之间快速切换负载设置。

图 2-2-3　输出控制按键

2)数字输入控制

如图 2-2-4 所示,在 SDG1000X 的操作面板上有 3 组按键,分别为数字键盘、旋钮和方向键。

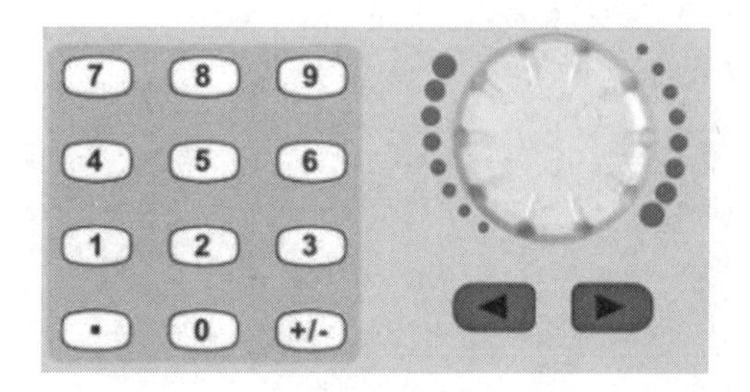

图 2-2-4　数字按键、旋钮和方向键

(1)数字键盘:用于编辑波形时参数值的设置,直接输入数值可改变参数。

(2)旋钮:用于改变波形参数中某一数位的值的大小,旋钮顺时针旋转一格,递增1;旋钮逆时针旋转一格,递减1。

(3)方向键:使用旋钮设置参数时,用于移动光标以选择需要编辑的位。

使用数字键盘输入参数时,用于删除光标左边的数字。

文件名编辑时,用于移动光标选择文件名输入区中指定的字符。

3. 常用功能按键

SDG1000X 的操作面板下方有 5 个按键,如图 2-2-5 所示,分别为参数设置、辅助系统功能设置、存储与调用、波形和通道切换按键。

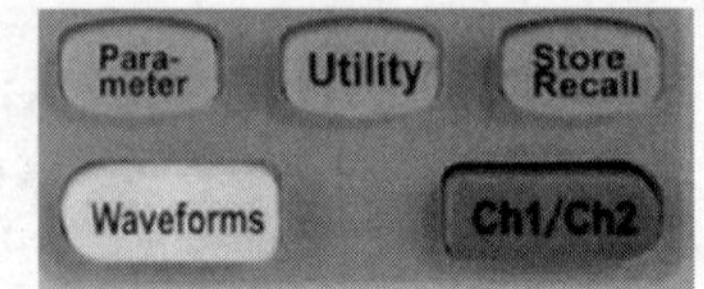

图 2-2-5 功能按键

各按键介绍如下:

Parameter:用于设置基本波形参数,方便用户直接进行参数设置。

Utility:用于对辅助系统功能进行设置,包括频率计数器、输出设置、接口设置、系统设置、仪器自检和版本信息的读取等。

Store Recall:用于存储、调出波形数据和配置信息。

Waveforms:用于选择基本波形。

Ch1/Ch2:用于切换 CH1 或 CH2 为当前选中通道。开机时,仪器默认选中 CH1,用户界面中 CH1 对应的区域高亮显示,且通道状态栏边框显示为绿色;此时,按下此键可选中 CH2,用户界面中 CH2 对应的区域高亮显示,通道状态栏边框显示为黄色。

4. 波形设置

在 Waveforms 操作界面下有一列波形选择按键,分别为正弦波、方波、三角波、脉冲波、高斯白噪声、DC 和任意波,如图 2-2-6 所示。下面对其波形设置逐一进行介绍。

Sine	Square	Ramp	Pulse	Noise	当前页 1/2
DC	Arb				当前页 2/2

图 2-2-6 常用波形

选择 Waveforms→Sine,通道输出配置状态栏显示 Sine 字样。SDG1000X 可输出 1 μHz ~ 60 MHz的正弦波。设置频率/周期、幅值/高电平、偏移量/低电平、相位,可以得到不同参数的正弦波。图 2-2-7 所示为正弦波的设置界面。

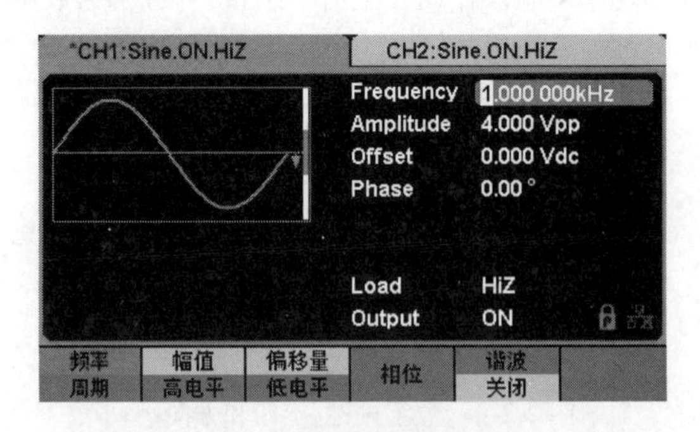

图 2-2-7 正弦波的设置界面

选择 Waveforms→Square，通道输出配置状态栏显示 Square 字样。SDG1000X 可输出 1 μHz～60 MHz并具有可变占空比的方波。设置频率/周期、幅值/高电平、偏移量/低电平、相位、占空比，可以得到不同参数的方波。图 2-2-8 所示为方波的设置界面。

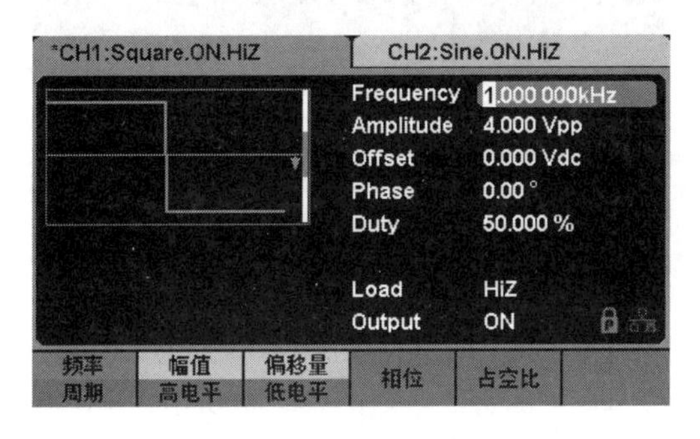

图 2-2-8　方波的设置界面

选择 Waveforms→Ramp，通道输出配置状态栏显示 Ramp 字样。SDG1000X 可输出 1μHz～500 kHz的三角波。设置频率/周期、幅值/高电平、偏移量/低电平、相位、对称性，可得到不同参数的三角波。图 2-2-9 所示为三角波的设置界面。

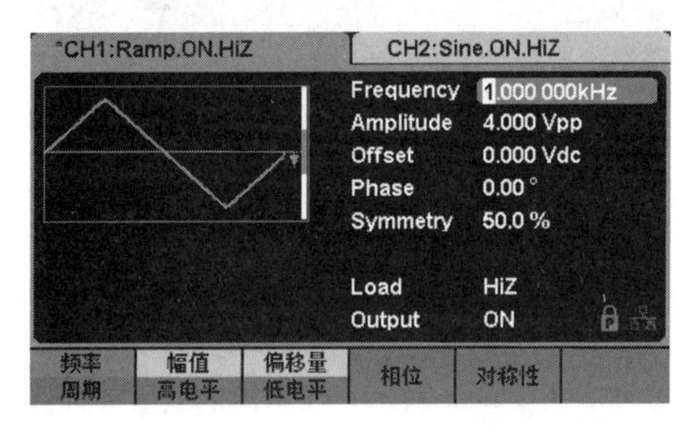

图 2-2-9　三角波的设置界面

选择 Waveforms →Pulse，通道输出配置状态栏显示 Pulse 字样。SDG1000X 可输出 1 μHz～12.5 MHz的脉冲波。设置频率/周期、幅值/高电平、偏移量/低电平、脉宽/占空比、上升沿/下降沿、延迟，可以得到不同参数的脉冲波。图 2-2-10 所示为脉冲波的设置界面。

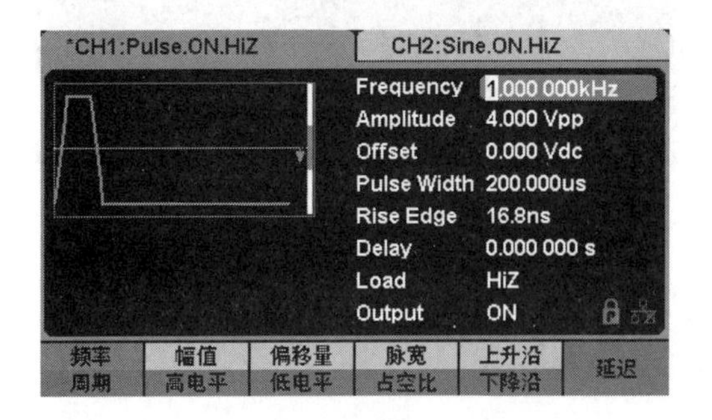

图 2-2-10　脉冲波的设置界面

选择 Waveforms →Noise，通道输出配置状态栏显示 Noise 字样。SDG1000X 可输出带宽为 60 MHz的噪声。设置标准差、均值，可以得到不同参数的噪声。图 2-2-11 所示为噪声的设置界面。

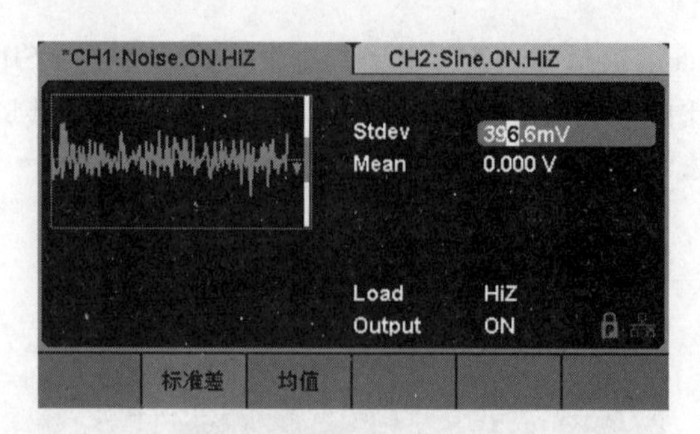

图 2-2-11　噪声的设置界面

选择 Waveforms →当前页 1/2→DC,通道输出配置状态栏显示 DC 字样。SDG1000X 可输出高阻负载下 ±10 V、50 Ω 负载下 ±5 V 的直流电。图 2-2-12 所示为 DC 输出的设置界面。

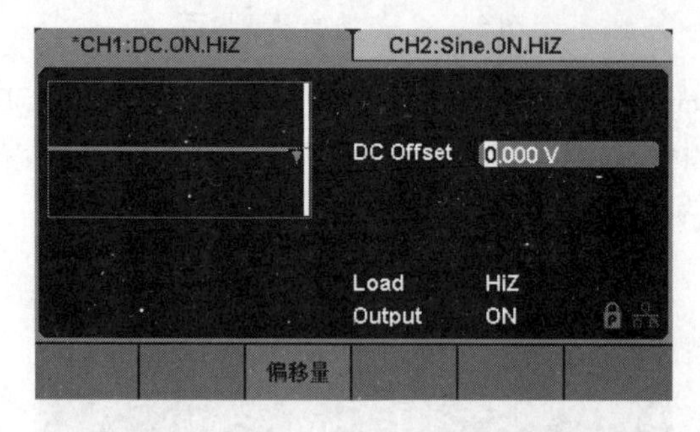

图 2-2-12　DC 输出的设置界面

选择 Waveforms →当前页 1/2→Arb, 通道输出配置状态栏显示 Arb 字样。SDG1000X 可输出 1 μHz ~ 6 MHz、波形长度为 16 kpts 的任意波。设置频率/周期、幅值/高电平、偏移量/低电平、相位,可以得到不同参数的任意波。图 2-2-13 所示为任意波的设置界面。

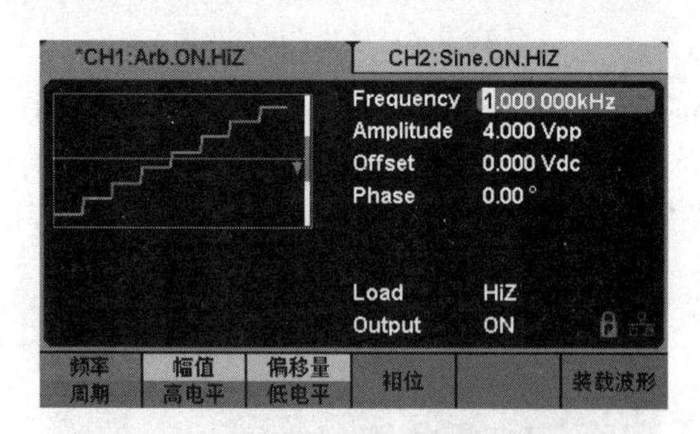

图 2-2-13　任意波的设置界面

第三节　数字多用表

1. 使用注意事项

(1)使用前要检查仪表和表笔,谨防任何损坏或不正常的现象。如果发现任何异常情况,如表笔裸露、机壳损坏、液晶显示屏无显示等,请不要使用。严禁使用没有外壳和外壳没有盖好的仪表,否则有电击危险。

(2)表笔破损必须更换,并须换上同样型号或相同电气规格的表笔。

(3)当仪表正在测量时,不要接触裸露的电线、连接器、没有使用的输入端或正在测量的电路。

(4)测量高于直流 60 V 或交流 36 V 以上的电压时,务必小心谨慎。切记手指不要超过表笔护指位,以防触电。

(5)在不能确定被测量值的范围时,必须将功能量程开关置于最大量程位置。

(6)切勿在端子和端子之间,或任何端子和接地之间施加超过仪表上所标注的额定电压或电流。

(7)测量时,功能开关必须置于正确的量程挡位。在功能量程开关转换之前,必须断开表笔与被测电路的连接,严禁在测量进行中转换挡位,以防损坏仪表。

2. LCD 显示屏

LCD 显示屏如图 2-3-1 所示。

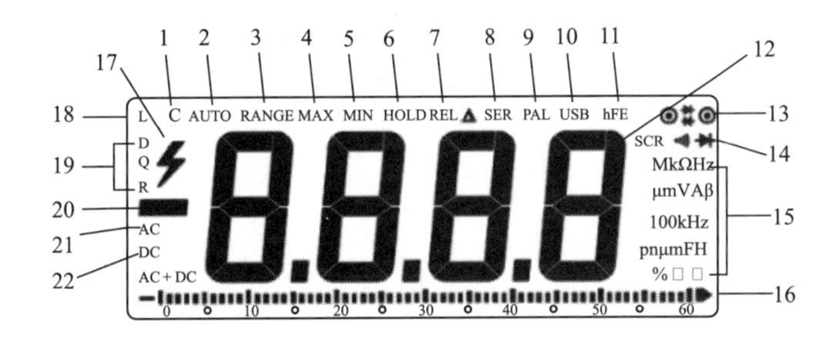

图 2-3-1　LCD 显示屏

LCD 显示屏符号说明见表 2-3-1。

表 2-3-1　LCD 显示屏符号说明

序号	代号	说　明	序号	代号	说　明
1	C	电容测量符	12	十进制数字	测量读数区
2	AUTO	自动量程提示符	13		二极管和晶闸管极性提示符
3	RANGE	手动量程提示符	14	SCR	晶闸管、通断、二极管测试提示符
4	MAX	测量最大值提示符	15	测量单位	测量单位符
5	MIN	测量最小值提示符	16		模拟条显示区
6	HOLD	数据保持提示符	17		高电压提示符
7	REL△	相对值测量提示符	18	L	电感测量符
8	SER	串联提示符	19	D Q R	电容损耗因数、电感品质因数、等效电阻测量提示符
9	PAL	并联提示符	20		测量值负号符
10	USB	USB 通信打开提示符	21	AC	交流测量提示符
11	hFE	三极管放大倍数测量提示符	22	DC	直流测量提示符

3. 功能简介

前面板功能示意图如图 2-3-2 所示。

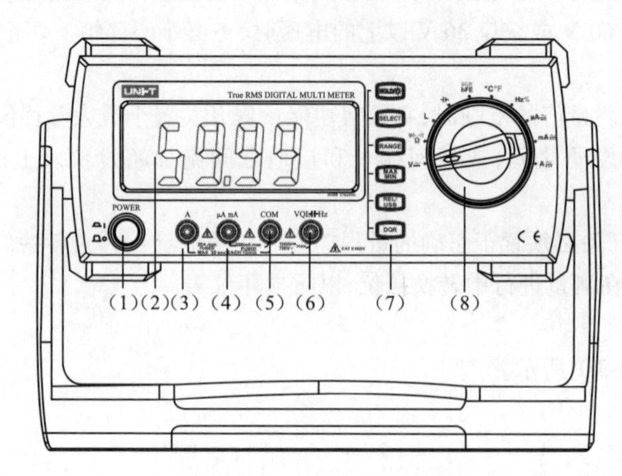

图 2-3-2　前面板功能示意图

前面板功能介绍如下：

(1)电源开关。

(2)LCD 显示屏。

(3)20 A 电流输入插孔。

(4)μA 和 mA 输入插孔。

(5)COM 输入端。

(6)电压、电阻、电感、电容、频率、通断、二极管及占空比测量输入端按键。

(7)功能按钮区。

(8)旋钮选择开关。

4. 操作说明

1)直流电压测量

直流电压测量连接图如图 2-3-3 所示。

(1)将红表笔插入 V 插孔，黑表笔插入 COM 插孔。

(2)将旋钮选择开关置于 V≅ • 挡，按下 SELECT 键切换为 DC 测量功能，如图 2-3-3 所示，将表笔并联到待测电源或负载上。

(3)从显示器上直接读取被测电压值。

(4)按下 RANGE 键可以手动调节量程。毫伏量程需手动进入：按下 RANGE 键 4 次，切换进入毫伏量程。

2)交流电压测量

交流电压测量连接如图 2-3-3 所示。

(1)将红表笔插入 V 插孔，黑表笔插入 COM 插孔。

(2)将旋钮选择开关置于 V≅ • 挡，按下 SELECT 键切换为 AC 测量功能，如图 2-3-3 所示，将表笔并联到待测电源或负载上。

(3)从显示器上直接读取被测电压值。交流测量显示正弦波有效值。

(4)按下 RANGE 键可以手动调节量程。毫伏量程需手动进入：按下 RANGE 键 4 次，切换进入毫伏量程。

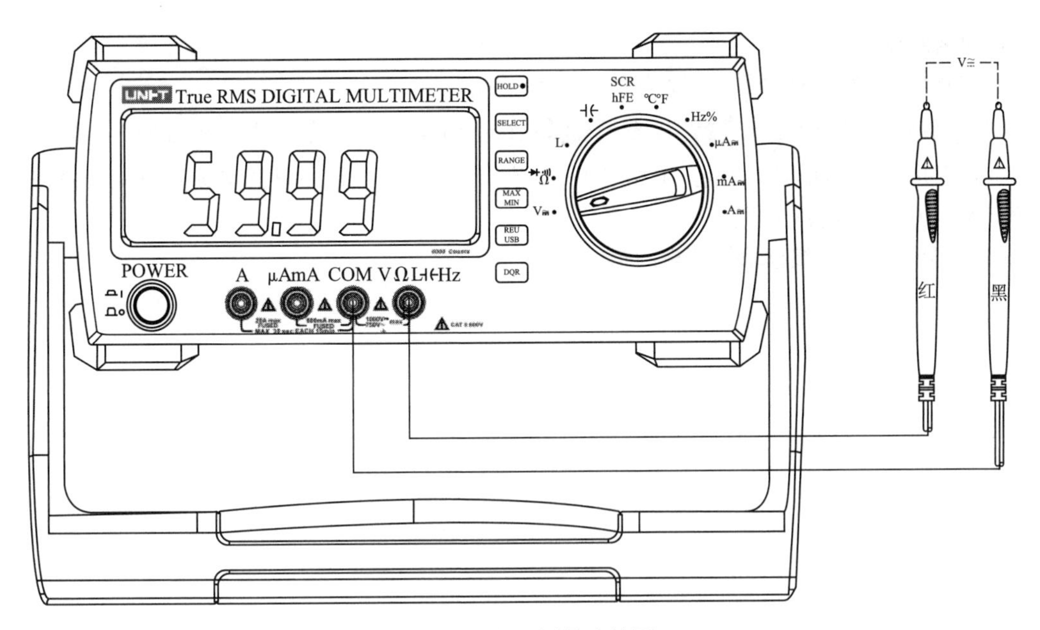

图 2-3-3　电压测量连接图

3）电阻测量

电阻测量接线图如图 2-3-4 所示。

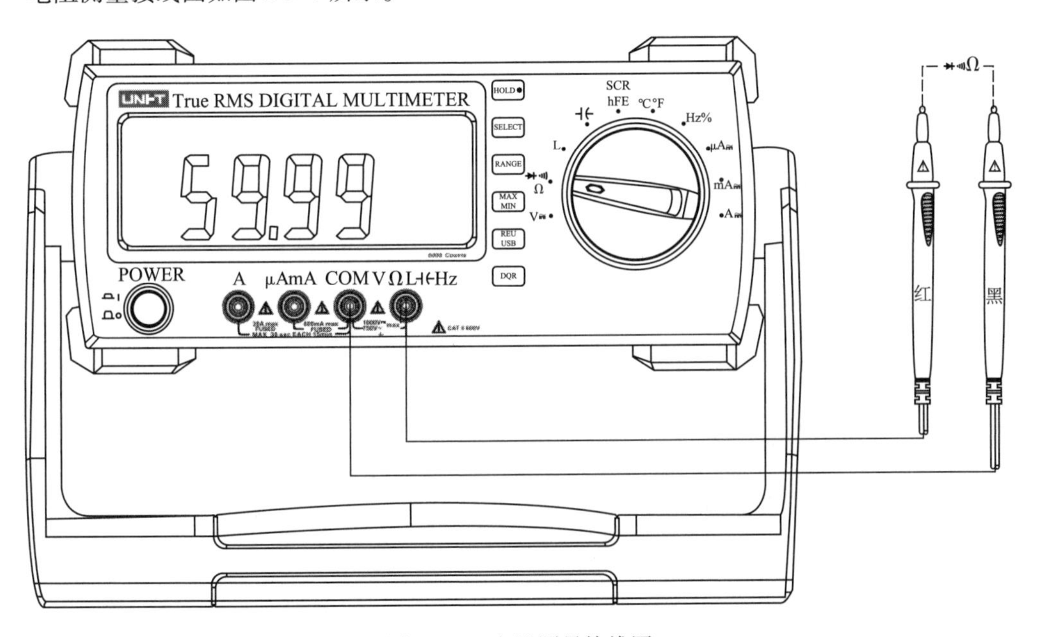

图 2-3-4　电阻测量接线图

（1）将红表笔插入 Ω 插孔，黑表笔插入 COM 插孔。

（2）将旋钮选择开关置于 Ω 挡，按下 SELECT 键切换为电阻 Ω 测量功能，如图 2-3-4 所示，将表笔并联到被测电阻两端。

（3）从显示器上直接读取被测电阻值。

（4）按下 SELECT 键可以手动调节量程。

4)通断测试

(1)将红表笔插入 Ω 插孔,黑表笔插入 COM 插孔。

(2)将旋钮选择开关置于 挡,按下 SELECT 键,切换为通断 测量功能,如图 2-3-4 所示。

将表笔并联到被测电阻两端。电路良好,阻值设定为 <10 Ω,蜂鸣器连续发声;电路断开,阻值设定为 >50 Ω,蜂鸣器不发声。

(3)从显示器上直接读取被测电阻值。

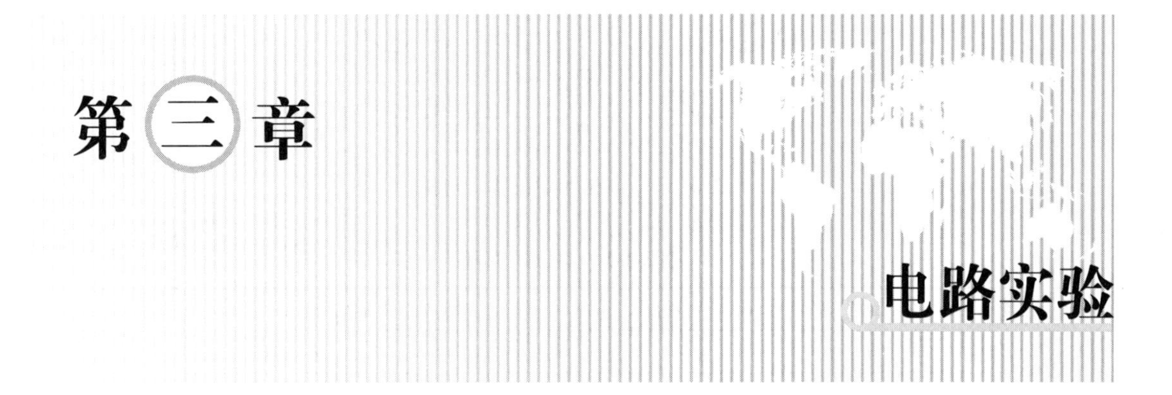

第一节　测量电路中的电位

1. 实验目的

(1)通过对电路中电压和电流的测量,掌握万用表和直流稳压电源的使用方法。

(2)证明电路中电位的相对性及电压的绝对性。

(3)理解电位与电压的关系。

2. 实验指导

1)电位

在电路中,任选一点 O 为参考点,则某一点 A 到参考点 O 的电压就称为点 A 的电位,用 U_A 表示。

2)电路的参考点

电路的参考点可以任意选取,参考点选得不同,电路中各点的电位随之改变,但是任意两点间的电压是不变的。所以,各点电位的高低是相对的,而两点间的电压是绝对的。通常认为参考点的电位为零。

电位是一种由电路中的位置所确定的势能,具有明显的相对性——其高低正负取决于电路参考点。理论上,电路参考点的选取是任意的,但实际应用中经常以大地作为零电位点。

3)电位的测量

分析电路时必须选定电路中某一点作为参考点,它的电位称为参考电位。电路中某一点的电位等于该点与参考点(电位为零)之间的电压。当电路参考点改变时,该电位随参考点发生变化,但它与原来参考点之间的差值不会发生改变。

参考电位选择不同,电路中各点的电位大小随着改变,但是任意两点间的电压值是不变的。即电路中各点电位的高低是相对的;而电路中某两点间的电压值是绝对的。

如图 3-1-1 所示,分别使 $U_1 = 6$ V,$U_2 = 12$ V。以图 3-1-1 中的 A 点作为电位的参考点,分别测量 B、C、D、E、F 各点的电位,并测量电路中相邻两点之间的电压值 U_{AB}、U_{BC}、U_{CD}、U_{DE}、U_{EF}、U_{FA}。再以图 3-1-1 中的 D 点作为电位的参考点,重复测量相关数据,并记录在表 3-1-1 中。

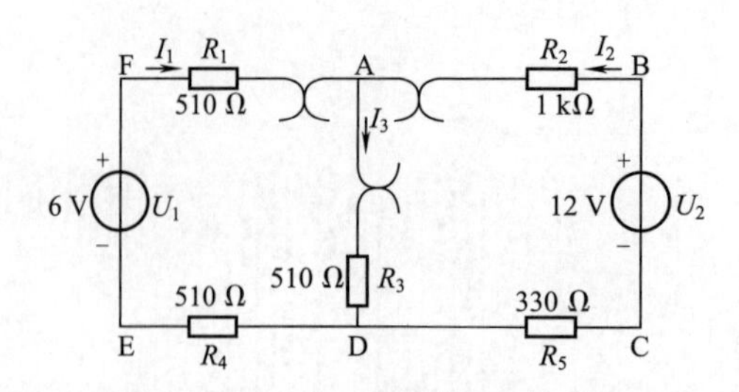

图 3-1-1 电位测量的参考电路

表 3-1-1 电位的测量

项目		U_A	U_B	U_C	U_D	U_E	U_F	U_{AB}	U_{BC}	U_{CD}	U_{DE}	U_{EF}	U_{FA}
参考点A	计算值/V												
	测量值/V												
参考点D	计算值/V												
	测量值/V												

3. 实验思考

(1)电路中,电位为负值的意义是什么?

(2)将等电位点相连,观察是否影响电路中各点电位及各电流的大小?

(3)用万用表测量电阻时,仪表指针尽可能在标尺的什么位置?

第二节 验证基尔霍夫定律

1. 实验目的

(1)通过对电路中电压和电流的测量,掌握万用表和直流稳压电源的使用方法。

(2)验证基尔霍夫定律,进一步理解电路中电压、电流参考方向的意义。

2. 实验指导

基尔霍夫定律是任何集总电路都适用的基本定律,它包括基尔霍夫电流定律和基尔霍夫电压定律。基尔霍夫定律是分析和计算较为复杂电路的基础,它既可以用于直流电路的分析,也可以用于交流电路的分析,还可用于含有电子元件的非线性电路的分析。

1)基尔霍夫定律

在测量电路中各支路电流及各元件两端电压时,必须分别满足基尔霍夫电流定律和基尔霍夫电压定律。

基尔霍夫电流定律(简称 KCL)描述电路中各电流的约束关系,又称节点电流定律。基尔霍夫电流定律指出:“在集总电路中,任何时刻,对任一节点,所有流出(或流进)该节点的所有支路电流的代数和恒等于零”。此处,电流的“代数和”是根据电流是流出节点还是流进节点判断的。若流出节点的电流前面取“+”,则流进节点的电流前面取“-”。电流是流出节点还是流进节点,均根据电流的参考方向判断。所以,对任一节点有 $\sum I = 0$。

基尔霍夫电压定律(简称 KVL)描述电路中各电压的约束关系,又称回路电压定律。基尔霍夫电压定律指出:“在集总电路中,任何时刻,沿任一回路,所有支路电压降的代数和恒等于零”。所以，沿任一回路有 $\sum U = 0$。

在取代数和时，需要任意指定一个回路的绕行方向，凡支路电压的参考方向与回路绕行方向一致者，该电压前面取"+"；支路电压参考方向与回路绕行方向相反者，该电压前面取"−"。

2）直流电流的测量

验证基尔霍夫定律参考电路如图3-2-1所示。按图连线，并在电路中自行设定各回路电压、支路电流的参考方向。

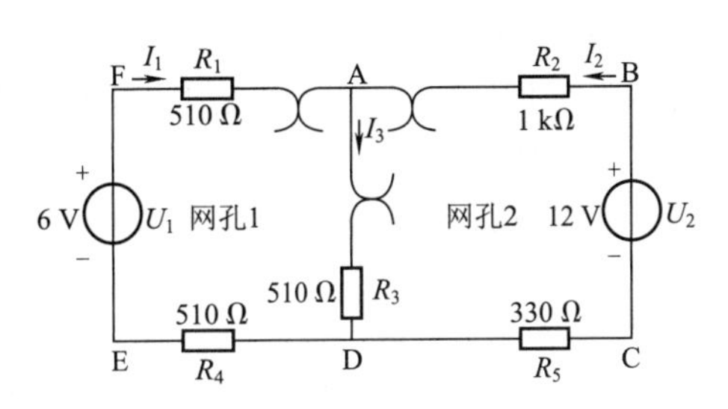

图3-2-1 验证基尔霍夫定律参考电路

电流表应该串联在被测支路中。为了使电路的工作不因接入电流表而受影响，电流表的内阻必须很小。

用万用表测量所选各电阻的阻值，并与标称值对比。调整两路直流稳压电源，分别使 $U_1 = 6$ V，$U_2 = 12$ V，将 U_1、U_2断电后接入被测电路。接通直流稳压电源，分别测量各支路电流，将测量值记录在表3-2-1中。

表3-2-1 基尔霍夫电流定律的验证

项目	I_1	I_2	I_3	$\sum I$
计算值/mA				
测量值/mA				

3）直流电压的测量

电压表是用来测量电源、负载或某段电路两端的电压的，必须和它们并联。为了使电路的工作不因接入电压表而受影响，电压表的内阻必须很大。

分别测量电路中各段电压，将测量数据记录在表3-2-2基尔霍夫电压定律及电位的测量中，并验证基尔霍夫电压定律。

分别使 $U_1 = 6$ V，$U_2 = 12$ V。以图3-2-1作为参考，测量电路中相邻两点之间的电压值。

表3-2-2 基尔霍夫电压定律验证

项目		U_{AD}	U_{DE}	U_{EF}	U_{FA}	$\sum U$
网孔1	计算值/V					
	测量值/V					
网孔2	计算值/V	U_{AB}	U_{BC}	U_{CD}	U_{DA}	$\sum U$
	测量值/V					

3. 实验思考

（1）电路中电压或电流的正负值与该电学量参考方向的关系如何？

（2）用万用表测电阻可以直接在工作电路中进行吗？

第三节 验证叠加定理

1. 实验目的

（1）验证线性电路的叠加定理。

(2)加深对线性电路的叠加性和齐次性的认识和理解。

(3)进一步掌握常用直流仪器仪表和直流稳压电源的使用方法。

2. 实验指导

1)叠加定理

叠加定理指出,对于线性电路,任一电压或电流都是电路中各个独立电源单独作用(其余激励源置为0)时,在该处产生的电压或电流的叠加。对于不作用的激励源,电压源应视为短路,电流源应视为开路。

使用叠加定理时应注意以下几点:

(1)叠加定理适用于线性电路,不适用于非线性电路。

(2)在叠加的各分电路中,不作用的电压源置零,在电压源处用短路代替;不作用的电流源置零,在电流源处用开路代替。电路中所有电阻都不予改动,受控源保留在各分电路中。

(3)叠加时,各分电路中的电压和电流的参考方向可以取为与原电路中的相同。取和时,应注意各分量前的“+”、“-”号。

(4)原电路的功率不等于按各分电路计算所得的功率的叠加,这是因为功率是电压和电流的乘积。

2)线性电路的齐次性

线性电路的齐次性是指在线性电路中,当所有激励(电压源和电流源)都同时增大或缩小 K 倍(K 为实常数)时,响应(电压或电流)也将同样增大或缩小 K 倍。应注意,这里的激励是指独立电源,并且必须全部激励同时增大或缩小 K 倍,否则将导致错误的结果。显然,当电路中只有一个激励时,响应必与激励成正比。

3)叠加定理的验证

图3-3-1所示为验证叠加定理的参考电路。按图3-3-1接线,适当选取电源 U_1 和 U_2 的值。此时,二极管断开。

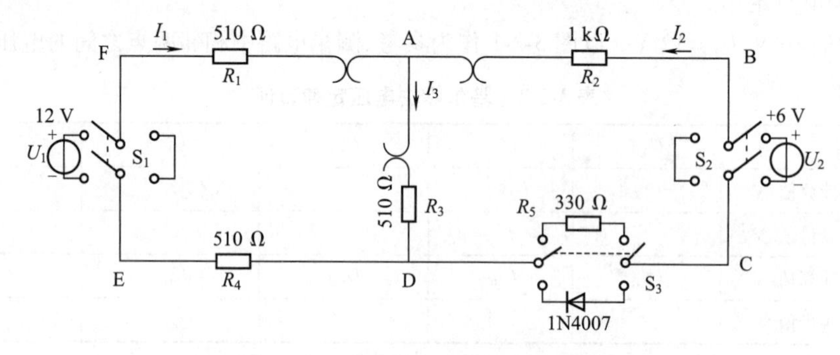

图3-3-1 验证叠加定理的参考电路

首先,令 U_1 电源单独作用(将开关 S_3 投向 U_1 侧、开关 S_2 投向短路侧),用直流电压表和直流毫安表测量各支路电流及各电阻元件两端的电压,将测量数据记录在表3-3-1中。

其次,令 U_2 电源单独作用(将开关 S_3 投向短路侧、开关 S_2 投向 U_2 侧),重复上述的实验内容,将测量数据记录在表3-3-1中。

第三,令 U_1 和 U_2 共同作用,开关 S_1 和 S_2 分别投向 U_1 和 U_2 侧,重复上述的实验内容,将测量数据记录在表3-3-1中。

最后,将二极管并联在图3-3-1所示的支路电阻两端,此时,电路呈非线性,重复上述的测量内容,填入自拟表格中,并说明叠加原理不适用于非线性电路。

表 3-3-1　验证叠加定理

项目	U_1/V	U_2/V	I_1/mA	I_2/mA	I_3/mA
U_1单独作用					
U_2单独作用					
U_1和U_2共同作用					

3. 实验思考

(1)叠加定理的应用条件是什么?

(2)电路中电阻消耗的功率是否满足叠加性?

(3)实验电路中的直流稳压电源输出端为什么不能短路?

(4)在实验过程中,不得随意改变电压表和电流表的接入位置,否则会产生什么影响?

第四节　验证戴维南定理

1. 实验目的

(1)了解电流源与电压源的外特性。

(2)掌握实际电压源与实际电流源等效变换的条件。

(3)验证戴维南定理。

2. 实验指导

1)电源的电路模型

一个实际的电源可以用两种不同的电路模型来表示。一种是用电压输出的形式来表示,称为电压源模型;一种是用电流输出的形式来表示,称为电流源模型。

当电源的端电压 U 恒等于电动势 E 且是一个定值时,其中的电流 I 则由负载 R_L 及电压 U 本身确定;这样的电源称为理想电压源或恒压源。当电源的电流 I 恒等于短路电流 I_S 且是一个定值,而其两端的电压 U 则由负载 R_L 及电流 I_S 本身确定,这样的电源称为理想电流源或恒流源。

在工程中,绝对的理想电源是不存在的。一个实际的电源既可以等效为电压源模型,也可以等效为电流源模型,就其外特性而言两者是相同的,所以电源的这两种电路模型相互间是等效的,可以等效变换。

2)戴维南定理

任何一个复杂电路,如果只需要研究其中一条支路的电流和电压时,可以将该支路划出,而把其余部分看作一个有源二端网络,如图 3-4-1(a)所示的有源二端网络及等效电源。不论这个有源二端网络的复杂程度如何,对于要研究的支路来说,仅相当于某一个实际电源。因此,这个有源二端网络一定可以化简为一个等效电源。如图 3-4-1(b)所示,有源二端网络化简为一个等效电压源;如图 3-4-1(c)所示,有源二端网络化简为一个等效电流源。

任何一个有源二端线性网络,其对外作用可以用一个理想电压源和电阻串联的等效电压源模型代替。其等效的电压源电压,等于此有源二端线性网络的开路电压;其等效内阻,是有源二端线性网络内部各独立电源都不作用时(理想电压源用短接线代替,即其电动势为零;理想电流源开路,即其电流为零)的无源二端线性网络的输入电阻。这就是戴维南定理。

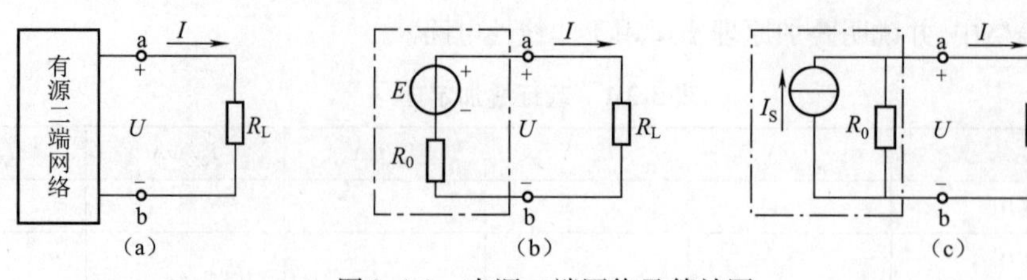

图 3-4-1　有源二端网络及等效图

3)戴维南定理的验证

图 3-4-2 所示为验证戴维南定理的原理图。引出 a、b 两端作为外电路(图 3-4-2 所示可调电阻)接口,将其余部分等效为有源二端线性网络,用一个理想电压源 E 和电阻 R_0 串联的等效电压源模型代替。

图 3-4-3 所示为验证戴维南定理的参考电路。引出 a、b 两端作为外电路(图示可调电阻)接口,将其余部分作为有源二端线性网络。

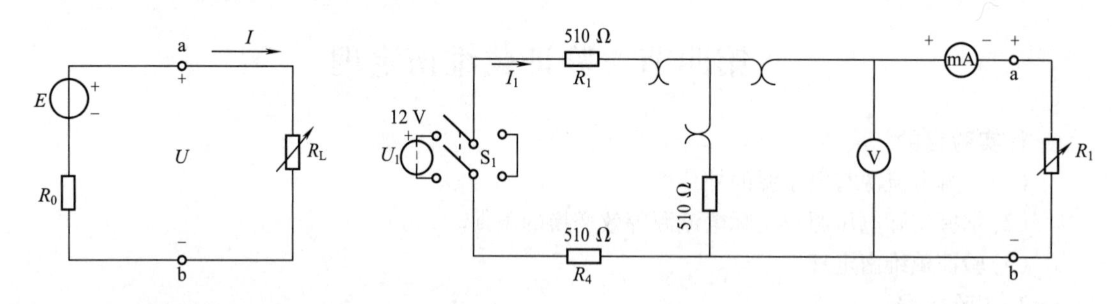

图 3-4-2　验证戴维南定理的原理图　　图 3-4-3　验证戴维宁定理的参考电路

(1)分别测量有源二端线性网络的开路电压(接入 12 V 电源电压)、除源以后(断开 5 V 电源电压后,再接短接线)的等效内阻,并自拟一个戴维南等效电路图。

(2)改变外接可调电阻的大小,分别测量原始电路与戴维南等效电路中所示的电阻两端电压及流过电阻的电流。

(3)将实验测量数据填入表 3-4-1 中。

表 3-4-1　验证戴维南定理实验测量数据

R_{eq} = ______ Ω　　U_{oc} = ______ V										
R_L/Ω		40	60	80	100	120	140	160	180	200
电路未等效时的测量值	U/V									
	I/mA									
电路等效后的测量值	U_1/V									
	I_1/mA									

3. 实验思考

(1)恒压源(理想电压源)、恒流源(理想电流源)之间是否可以等效互换?

(2)戴维南定理的应用条件是什么?

(3)线性有源网络的开路端电压及除去电源(电源不作用)以后的等效电阻如何测量?

(4)在实验过程中,恒压源不能短路、恒流源不能开路的原理是什么?

(5)根据实验测量结果,分析等效电压源模型的外特性,并画出外特性曲线。

第五节　一阶 RC 电路的暂态响应实验

1. 实验目的

(1)研究一阶 RC 电路在方波激励的情况下,电路暂态响应的基本规律和特点。

(2)掌握积分电路和微分电路的基本概念、特点和功能。

(3)了解电路参数变化对时间常数和电路功能的影响。

2. 实验指导

暂态过程的产生是由于物质所具有的能量不能跃变而造成的。在电路中,由于电路的接通、切断、短路、电压改变或参数改变等(统称为换路),使电路元件中的能量发生变化,这种变化也是不能跃变的。在电容元件中储有电能,当换路时,所存储的电能不能跃变,由于$W_C = \frac{1}{2}CU_C^2$,反映出的现象就是在电容元件上的电压不能跃变。可见电路的暂态过程是由于储能元件的能量不能跃变而产生的。

零状态响应:指初始状态为零而输入不为零所产生的电路响应。

零输入响应:指输入为零而初始状态不为零所产生的电路响应。

全响应:指输入与初始状态均不为零所产生的电路响应。

1)一阶 RC 电路的零状态响应

一阶 RC 电路零状态是换路前电容元件未储有电能、电容两端的电压$u_C(0_-)=0$。在此条件下,由电源激励所产生的电路的响应称为零状态响应。一阶 RC 电路零状态响应如图 3-5-1 所示。在 $t=0$ 时合上开关 S,电路即与电压为 U_S 的电压源接通,并对电容元件开始充电。电容元件两端的电压 u_C 是随着充电时间按指数规律上升的,其数学表达式为

$$u_C(t) = U_S(1 - e^{-\frac{t}{\tau}}) \tag{3-5-1}$$

式中,$\tau = RC$ 称为电路的时间常数。

图 3-5-2 所示为一阶 RC 电路零状态响应曲线。当 $t = \tau$ 时,$u_C(t)$的波形中 $u_C=0.632U_S$,即充电电压上升到稳态值的 63.2%。当 $t=5\tau$ 时,$u_C=0.993U_S$,一般认为已上升到稳态值 U_S。

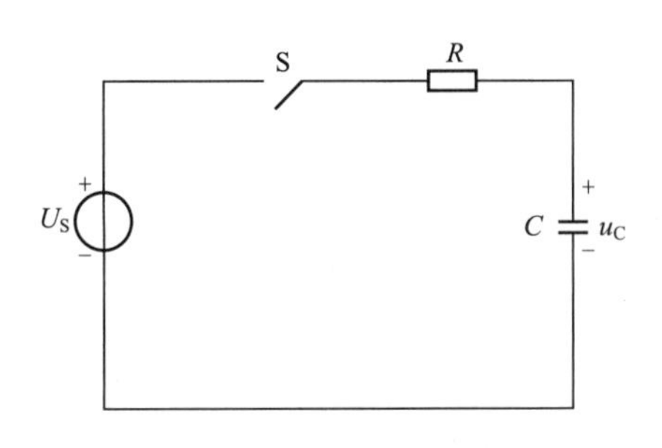

图 3-5-1　一阶 RC 电路零状态响应

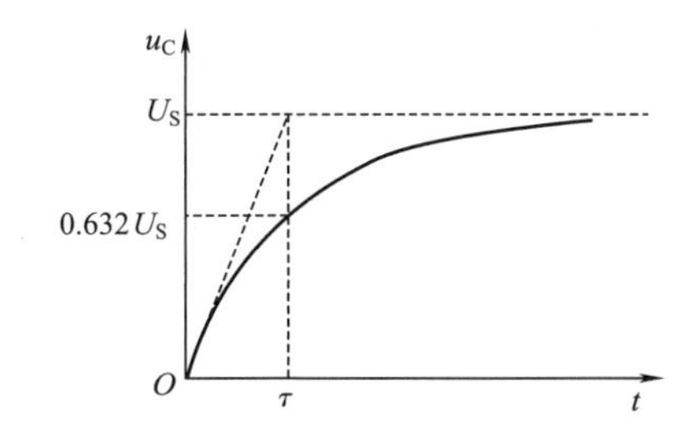

图 3-5-2　一阶 RC 电路零状态响应曲线

2)一阶 RC 电路的零输入响应

一阶 RC 电路零输入是指无电源激励、输入信号为零。在此条件下,由电容元件的初始状态 $u_C(0_+)$所产生的电路的响应,称为零输入响应。一阶 RC 电路零输入响应如图 3-5-3 所示。若开关 S 原在位置“2”电路处于稳态,在 $t=0$ 时刻,开关由位置“2”切换到位置“1”,则电容 C 将通过电

阻 R 放电，此时电容电压 u_C 是随着放电时间按指数规律下降的，其数学表达式为

$$u_C(t)=U_S e^{-\frac{t}{\tau}} \tag{3-5-2}$$

式中，$\tau=RC$ 称为电路的时间常数。

一阶 RC 电路零输入响应曲线如图 3-5-4 所示。当 $t=\tau$ 时，$u_C=0.368U_S$，即下降到初始值的 36.8%。

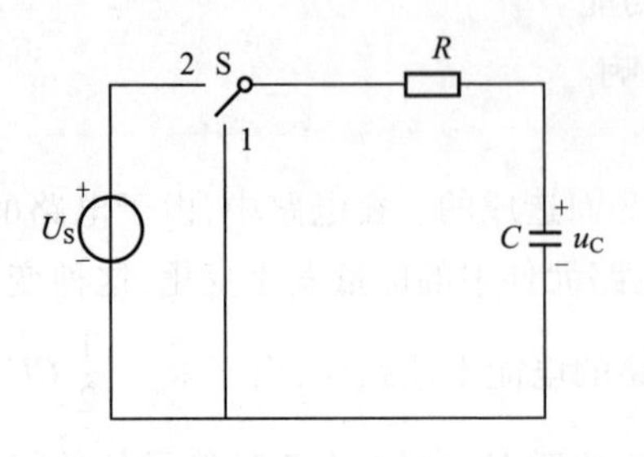

图 3-5-3　一阶 RC 电路零输入响应

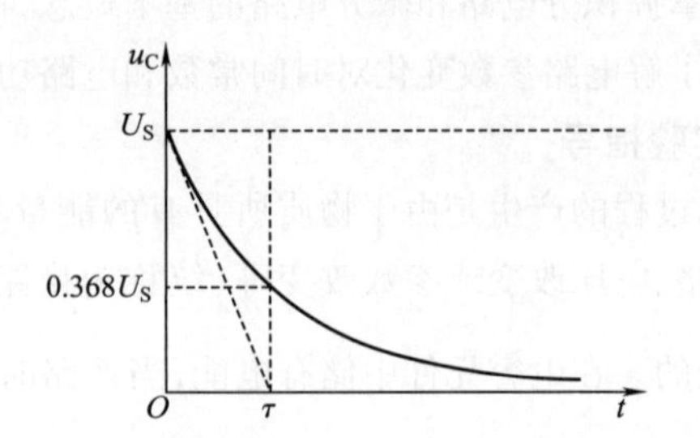

图 3-5-4　一阶 RC 电路零输入响应曲线

3）方波输入响应

动态网络的过渡过程是十分短暂的单次变化过程。要用普通示波器观察过渡过程和测量有关的参数，就必须使这种单次变化的过程重复出现。为此，利用信号发生器输出的方波来模拟阶跃激励信号，如图 3-5-5(a)所示，即利用方波输出的上升沿作为零状态响应的正阶跃激励信号；利用方波的下降沿作为零输入响应的负阶跃激励信号。只要选择方波的重复周期远大于电路的时间常数 τ，那么电路在这样的方波序列脉冲信号的激励下，它的响应就和直流电接通与断开的过渡过程是基本相同的。一阶电路方波输入响应曲线如图 3-5-5(b)所示。

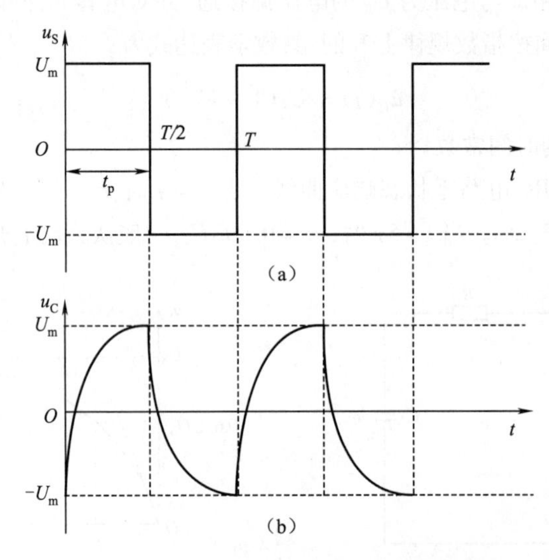

图 3-5-5　一阶电路方波输入响应曲线

当将此信号加在电压初始值为零的 RC 串联电路上时，如图 3-5-6 所示，实质就是电容连续充、放电的暂态过程。其响应究竟是零状态响应、零输入响应或是全响应，将与电路的时间常数和脉冲宽度 t_p 的相对大小有关。当电路的时间常数相对于矩形脉冲电压信号的脉冲宽度要小得多($t_p \geq 5\tau$)时，电容电压在方波信号的半个周期内基本达到稳态，则可以看作阶跃激励下的全响应。

4)积分电路

图 3-5-6 所示为积分电路。如果电路时间常数相对于输入矩形脉冲电压信号的脉冲宽度要大得多($\tau \gg t_p$)时,电容两端的输出电压 u_C 将与输入脉冲电压 u_S 的积分成比例,并在电容两端输出一个锯齿波电压。时间常数 τ 越大,充放电过程越缓慢,所得锯齿波电压的线性也就越好。

5)微分电路

如果将图 3-5-6 所示电路中的电阻和电容交换位置,则得到如图 3-5-7 所示的微分电路。

当电路的时间常数与输入矩形脉冲电压信号的脉冲宽度满足 $\tau \ll t_p$,电阻两端的输出电压 u_R 与输入脉冲电压 u_S 的微分成比例,电阻两端输出电压的波形为尖脉冲。这种输出尖脉冲反映了输入矩形脉冲的跃变部分。

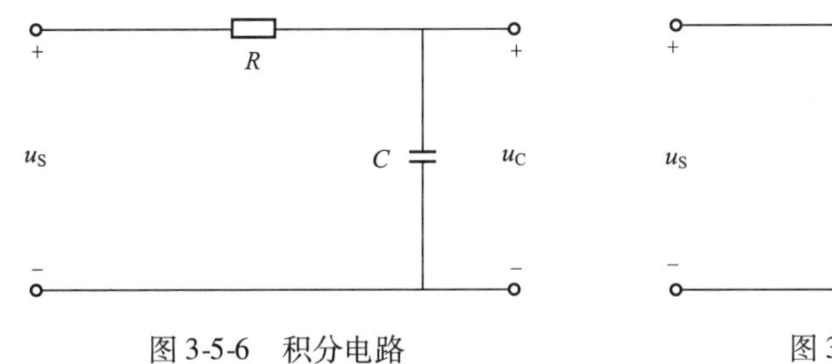

图 3-5-6 积分电路　　图 3-5-7 微分电路

图 3-5-8(a)所示为输入信号,图 3-5-8(b)所示为积分电路的激励与响应。

图 3-5-9(a)所示为输入信号,图 3-5-9(b)所示为微分电路的激励与响应。

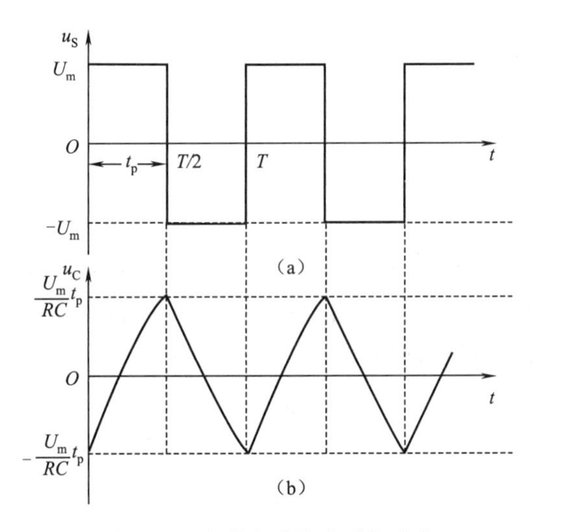

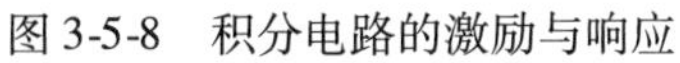

图 3-5-8 积分电路的激励与响应

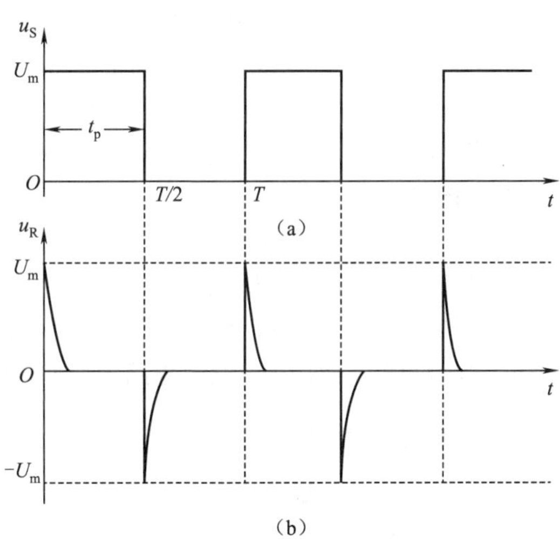

图 3-5-9 微分电路的激励与响应

6)积分电路与微分电路测量

(1)观察一阶 RC 电路的充放电过程。实验电路如图 3-5-6 所示。输入信号 u_S 为信号发生器的输出端信号。取 u_S 为峰峰值大小等于 3 ~ 10 V、频率等于 1 kHz 的方波。根据所选取的 R 与 C 的参数,用双踪示波器同时观察并记录 u_S 和 u_C 的波形,同时测出电路的时间常数 τ,并与理论值(RC)进行比较。

保持电阻不变,逐步增加电容容量,分别观察并记录 u_C 的波形,理解电路参数变化对电路功能的影响。

(2)积分电路测量。把图3-5-6所示的积分电路中的电路参数改变为 $R=20\ \text{k}\Omega$ 并保持不变,电容 C 的大小分别取0.47 μF、1 μF、2.2 μF,用示波器观察并记录 u_C 的波形,理解电路参数变化对电路功能的影响。

(3)微分电路测量。实验电路如图3-5-7所示。输入信号 u_S 不变,取 $R=2\ \text{k}\Omega$,$C=0.01\ \mu\text{F}$。用双踪示波器同时观察并记录 u_S 和 u_R 的波形,理解微分电路的功能。

保持电阻大小不变,将电容 C 的大小改为0.047 μF、0.47 μF,用示波器观察并记录 u_R 的波形,理解电路参数变化对电路功能的影响。

3. 实验思考

(1)如何区分一阶电路的零状态响应、零输入响应及全响应?

(2)怎样的电路称为一阶电路?怎样的信号可作为一阶RC电路的激励信号?

(3)什么是积分电路和微分电路?它们各有什么作用?

(4)为什么信号发生器和示波器要共地?

(5)根据实验观测结果,用坐标纸绘制一阶RC电路充放电时 u_C 的变化曲线。

(6)根据实验观察结果,描绘积分电路、微分电路的输出电压波形,总结电路的构成条件和各自的功能。

第六节　正弦交流电路中单一元件的参数测量

1. 实验目的

(1)学习双踪示波器和交流信号发生器的使用方法。

(2)掌握正弦交流电路中电阻、容抗、感抗的测量方法。

(3)加深理解单一正弦交流电路中电阻、容抗、感抗的概念。

(4)明确正弦交流电路中电压与电流的相位关系。

2. 实验指导

1)单一元件的交流电路

对复杂交流电路的分析,是以分析单一元件的交流电路为基础的。因为各种复杂电路都是由一些单一元件组合而成的。所以,必须熟练掌握单一元件交流电路中电压与电流的相位关系。图3-6-1所示为单一元件正弦交流电路中元件端电压与电流的相位关系。

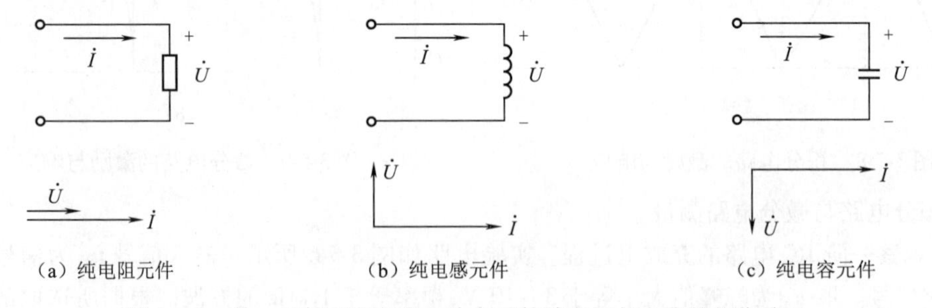

图3-6-1　单一元件正弦交流电路中元件端电压与电流的相位关系

在纯电阻元件正弦交流电路中,电压和电流同相位,如图3-6-1(a)所示。在纯电感元件正弦交流电路中,电感两端电压相位超前电流相位90°,如图3-6-1(b)所示。在纯电容元件正弦交流电路中,电容两端电压相位滞后电流相位90°,如图3-6-1(c)所示。

2）电感线圈参数测量（纯电感与线圈电阻串联）

图 3-6-2 所示为测量电感线圈参数的参考电路。

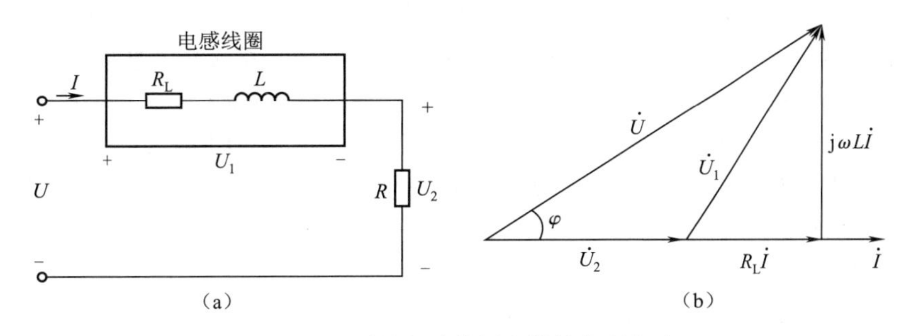

图 3-6-2　测量电感线圈参数的参考电路

输入电源为单相交流电压，为了使得电感线圈正常工作，以单相调压器的输出电压为串联电路的输入信号。调压器输出电压（有效值）分别为 100 V、120 V 和 140 V，用交流电流表和交流电压表分别测量图 3-6-2（a）所示电路中的电流与电压。将测量数据记录在表 3-6-1 中，并按照表格要求计算其他参数并记录。

表 3-6-1　电感线圈参数的测量

测量值				计算值				
U/V	U_1/V	U_2/V	I/A	$\cos\varphi$	R/Ω	Z/Ω	R_L/Ω	L/H
100								
120								
140								
平均值								

3）判断电抗性质

图 3-6-3 所示为判断电抗性质的参考电路。由于采样电阻上的电压和电流同相，参考电路中采样电阻上的电压波形就可以反映该支路电流的相位。

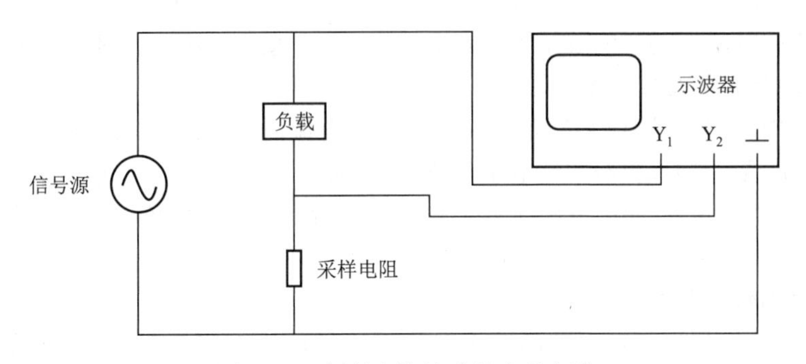

图 3-6-3　判断电抗性质的参考电路

（1）电容性负载电路（将实测数据及理论计算值填入自拟表格中）：

选择负载电容（$C=0.1\ \mu\mathrm{F}$）、采样电阻（$R=20\ \Omega$），并按图 3-6-3 接入参考电路中。

将信号发生器的输出频率调整到 2 000 Hz，输出电压（有效值）调整到 5 V 左右。

调整双踪示波器两个通道的垂直位移旋钮，使两列波形的时间轴重叠，以便比较和记录相位。

观察并记录电压和电流波形(1～2个周期),读出波形的峰值及相位差,画出相量图并计算电抗,并说明电抗的性质。

(2)电感性负载电路(将实测数据及理论计算值填入自拟表格中):

选择负载电感(L = 1 H)、采样电阻(R = 910 Ω),并按图3-6-3接入参考电路中。

将信号发生器的输出频率调整到5 000 Hz,输出电压(有效值)调整到5 V左右。

调整双踪示波器两个通道的垂直位移旋钮,使两列波形的时间轴重叠,以便比较和记录相位。

观察并记录电压和电流波形(1～2个周期),读出波形的峰值及相位差,画出相量图并计算电抗,并说明电抗的性质。

3. 实验思考

(1)为什么使用双踪示波器测量两个电压时,要注意公共端是否造成短路?

(2)计算阻抗的大小及电流与电压的相位差,应着重注意哪些参数?

(3)采样电阻的作用是什么?它的阻值大小对测量结果有什么影响?

(4)根据实验数据画出各个元件的相量图。

第七节　交流电路功率因数的提高实验

1. 实验目的

(1)进一步掌握正弦交流电路中电压、电流的相量关系。

(2)学习功率表和功率因数表的正确使用方法。

(3)了解交流电路功率因数提高的意义。

2. 实验指导

1)电路的功率因数

在正弦交流电路中,电源设备的容量用视在功率 $S = UI$ 表示。在计算交流电路的平均功率时,还要考虑电压与电流间的相位差。用电设备(即负载)吸收的有功功率 P 并不等于 UI,而是 $UI\cos\varphi$,其中 φ 是负载电压与电流的相位差,称为功率因数角,$\cos\varphi$ 称为电路的功率因数。当电源设备的视在功率 $S = UI$ 一定时,功率因数 $\cos\varphi$ 愈小,则输出的有功功率就愈小,电源设备的容量就不能充分利用。同样,负载的有功功率 P 和电压 U 一定时,功率因数 $\cos\varphi$ 愈高,从电源到负载之间的输电线路中的电流 I 就愈小,在输电线路上的损耗也就愈少。所以,提高功率因数对电力系统的运行十分重要,具有很大的经济意义。

在用电设备中,只有在电阻性负载情况下,电压与电流同相,功率因数 $\cos\varphi$ 为1;而实际用电设备中以电感性负载(电阻性负载与纯电感负载串联)居多。图3-7-1所示为RL串联电路;图3-7-2所示为RL串联电路相量图,图中电压与电流的夹角 φ 就是功率因数角。从相量图中可以直观地看出,当电压 U 的大小不变时,功率因数角 φ 越大,电路的有功功率 $U_R L$ 就越小。

2)提高功率因数的方法

如果在RL串联(感性负载)电路的输入端并联一个电容,就得到图3-7-3所示的RLC串并联电路。图3-7-4所示为RLC串并联电路相量图,表示电路中电压与电流的相量关系。电路的总电流 I 与电压 U 之间的相位角 φ(功率因数角)变小了,即功率因数提高了。在有功功率不变的情况下,电路的总电流 I 变小了。

可见,要提高供电电路的功率因数,可以在电感两端并联一个电容进行补偿,但补偿电容必须合理选择。一方面,从经济角度来看,大电容的价格较高;另一方面,从图3-7-4所示的相量图中可以看出，电容太大，电路性质可能会呈现容性，反而使功率因数降低。

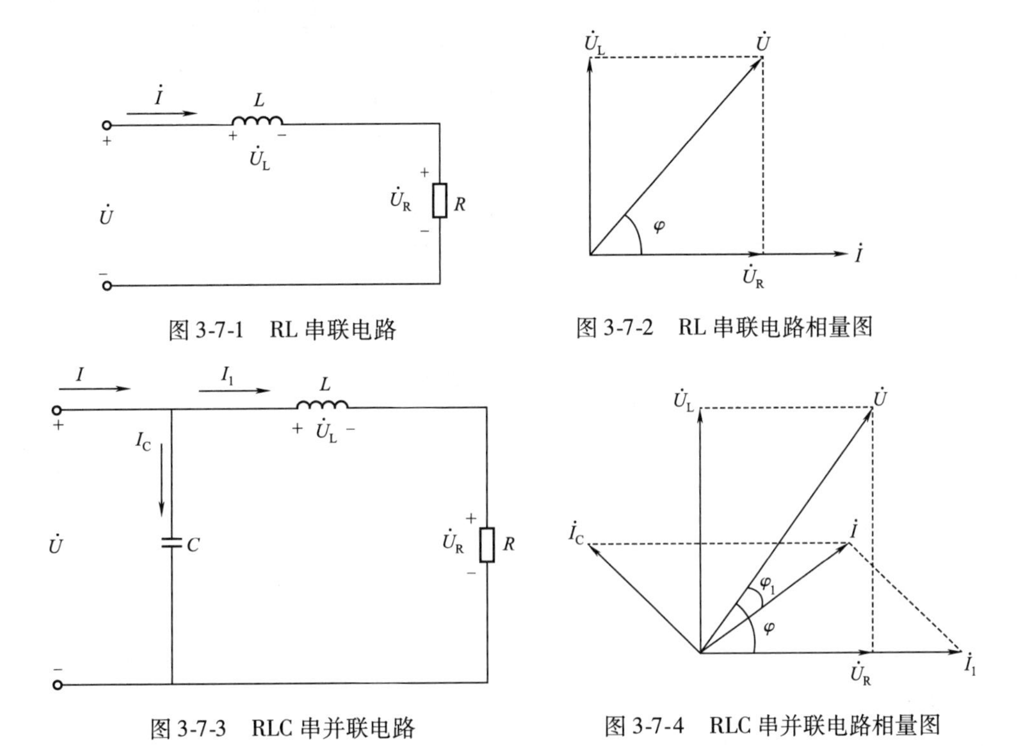

图 3-7-1　RL 串联电路

图 3-7-2　RL 串联电路相量图

图 3-7-3　RLC 串并联电路

图 3-7-4　RLC 串并联电路相量图

(1)图 3-7-5 所示为提高电路功率因数的参考电路。

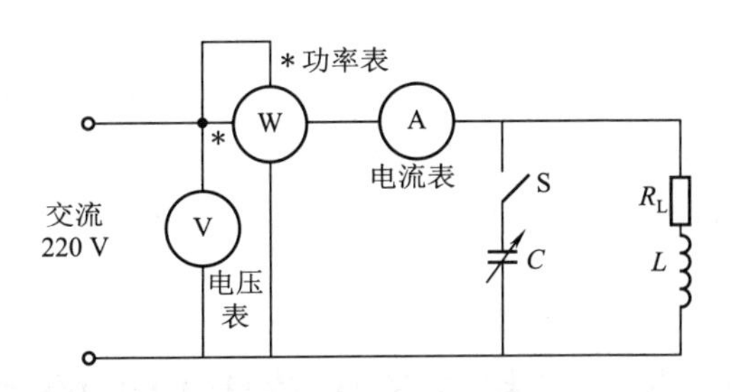

图 3-7-5　提高电路功率因数的参考电路

测量不并联电容时的电源电压 U、电感两端电压 U_L、电阻两端电压 U_R、电路电流 I、电路的有功功率 P，将测量数据记录在表 3-7-1 中，并计算电路的功率因数。

表 3-7-1　不并联电容时电路的功率因数

测 量 值					计 算 值
U/V	U_L/V	U_R/V	I/A	P/W	$\cos\varphi_{RL}$

(2)图 3-7-6 所示为电路功率因数可调的参考电路。

当改变并联电容的大小时，重新测量电源电压 U，电路的总电流 I，各支路的电流 I_C、I_{RL}，电路的有功功率 P ，将测量数据记录在表 3-7-2 中，并计算相应的功率因数。

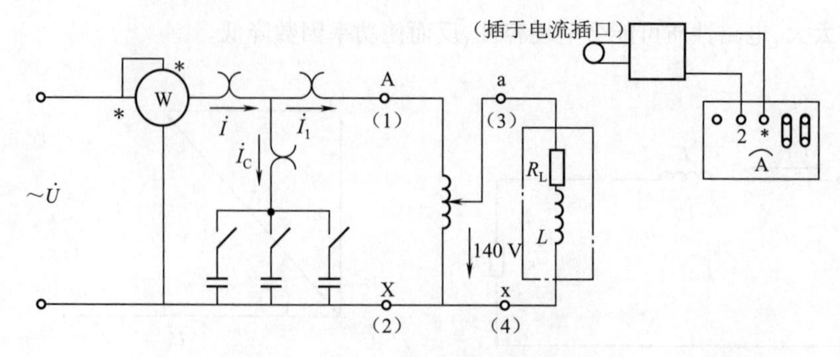

图 3-7-6 电路功率因数可调的参考电路

表 3-7-2 并联电容后电路的功率因数

并联电容	测 量 值					计 算 值
$C/\mu F$	U/V	I/A	I_C/A	I_{RL}/A	P/W	$\cos\varphi$
1						
2.2						
3.2						
4.3						

3. 实验思考

(1)功率表测量的原理和使用方法是什么?

(2)简述电感性电路的工作原理和提高电路的功率因数的方法。

(3)为什么在感性电路中,常用并联电容的方法来提高功率因数,而不用电感与电容串联的方法?电路的最佳补偿电容值为多少?为什么必须使用400 V以上耐压的电容器?

(4)当改变联电容的大小时,电路的功率因数如何改变?

(5)根据记录的实验数据,按比例画出电源电压、电感支路电流、电容支路电流和总电流之间的相量图,观察其特点。

第八节　三相交流电路中功率的测量

1. 实验目的

(1)复习三相交流电路功率的基本概念,学习三相交流电路中三相负载的两种联结方法,并进行理论计算。

(2)掌握三相交流电路中功率的不同测量方法。

(3)用白炽灯组成对称或不对称负载的星形联结,分别用二功率表法和三功率表法测量三相负载的总有功功率。

2. 实验指导

1)对称三相电压源

对称三相电压源是由 3 个等幅值、同频率、初相位依次相差 120°的正弦电压源连接成星形(Y)或三角形(△)组成的电源。对称三相电源相关知识见表 3-8-1。

表 3-8-1　对称三相电源相关知识

表达式	瞬时表达式	$\begin{cases} u_A(t) = \sqrt{2}U_{rms}\sin\omega t \\ u_B(t) = \sqrt{2}U_{rms}\sin(\omega t - 120°) \\ u_C(t) = \sqrt{2}U_{rms}\sin(\omega t + 120°) \end{cases}$
	相量表示	$\begin{cases} \dot{U}_A = U_{rms}\angle 0° \\ \dot{U}_B = U_{rms}\angle -120° \\ \dot{U}_C = U_{rms}\angle 120° \end{cases}$
	特点	$\begin{cases} u_A + u_B + u_C = 0 \\ \dot{U}_A + \dot{U}_B + \dot{U}_C = 0 \end{cases}$
波形	瞬时波形	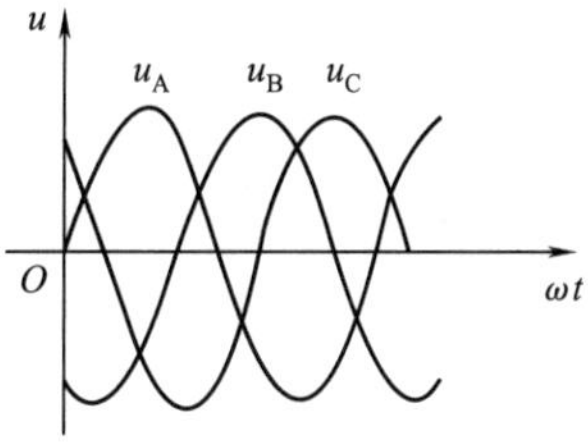
	相量图	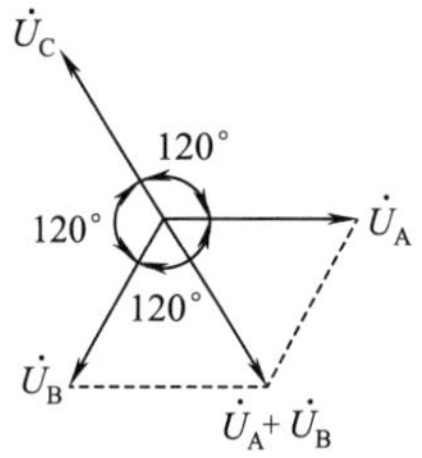
接线方式	星形(Y)	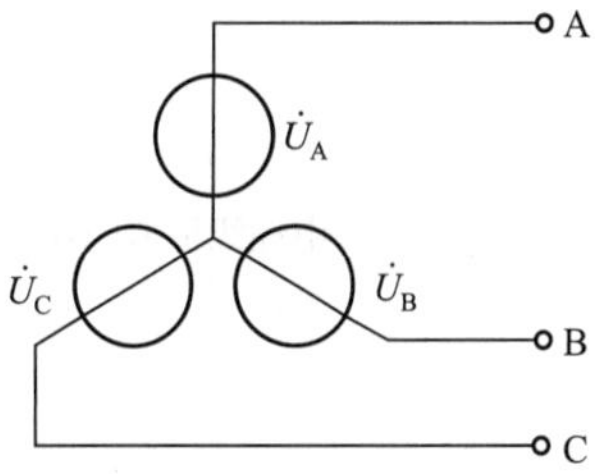
	带中性线星形(Y0)	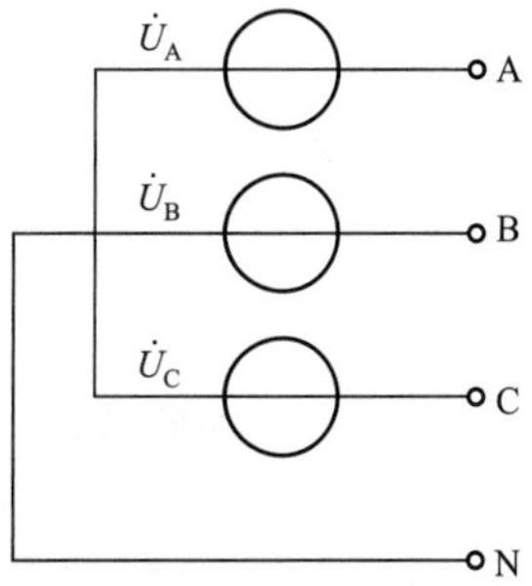

接线方式	三角形(△)	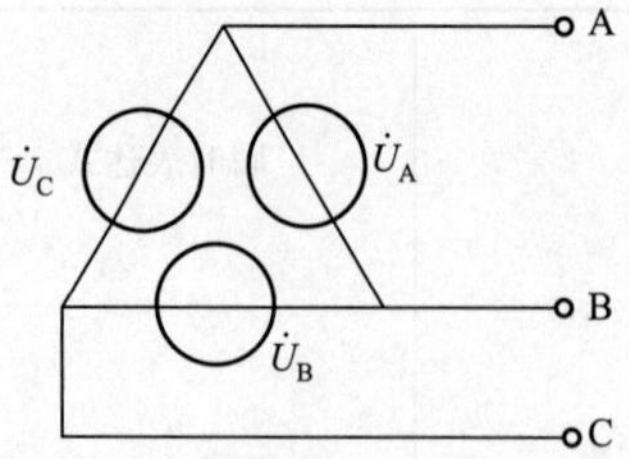
线电压与相电压关系	星形(Y)	$\begin{cases}\dot{U}_{AB}=\dot{U}_A-\dot{U}_B=\sqrt{3}\dot{U}_A\angle 30^\circ\\ \dot{U}_{BC}=\dot{U}_B-\dot{U}_C=\sqrt{3}\dot{U}_B\angle 30^\circ\\ \dot{U}_{CA}=\dot{U}_C-\dot{U}_A=\sqrt{3}\dot{U}_C\angle 30^\circ\end{cases}$ 说明:此时对外电路只提供线电压,并且线电压有效值等于相电压有效值的 $\sqrt{3}$ 倍,线电压相位超前相电压相位 30°。相电压与线电压的相量图如下:
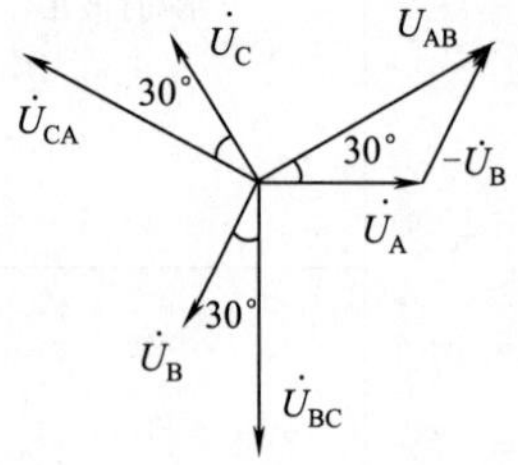	带中性线星形(Y0)	$\begin{cases}\dot{U}_{AB}=\dot{U}_A-\dot{U}_B=\sqrt{3}\dot{U}_A\angle 30^\circ\\ \dot{U}_{BC}=\dot{U}_B-\dot{U}_C=\sqrt{3}\dot{U}_B\angle 30^\circ\\ \dot{U}_{CA}=\dot{U}_C-\dot{U}_A=\sqrt{3}\dot{U}_C\angle 30^\circ\end{cases}$ 说明:此时对外电路可提供线电压及相电压,线电压有效值为相电压有效值的 $\sqrt{3}$ 倍,线电压相位超前相电压相位 30°。相电压与线电压的相量图如下:
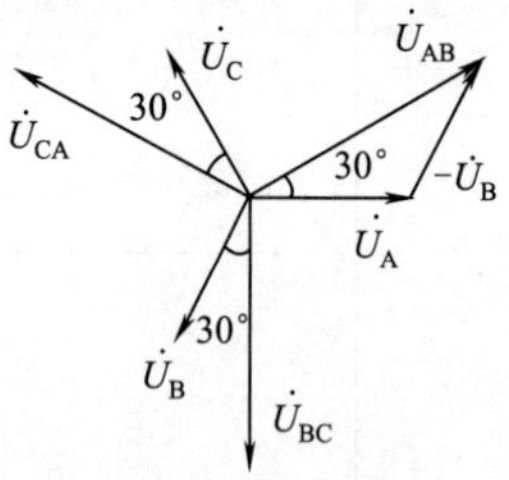	三角形(△)	$\dot{U}_{AB}=\dot{U}_A,\dot{U}_{BC}=\dot{U}_B,\dot{U}_{CA}=\dot{U}_C$ 说明:此时对外电路只提供线电压,且线电压等于三相电源相电压

2)三相负载的联结

三相负载有星形联结和三角形联结两种联结方式,不论负载是哪一种联结方式,电路总的有功功率都等于各相有功功率之和。当负载对称时,每一相的有功功率是相等的,因此三相交流电路总有功功率为

$$P = 3P_{P} = 3U_{P}I_{P}\cos\varphi \qquad (3\text{-}8\text{-}1)$$

式中,φ 是相电压 U_{P} 与相电流 I_{P} 之间的相位差。

当对称负载为星形联结时,负载上电压与电流为

$$U_{L} = \sqrt{3}U_{P} \qquad (3\text{-}8\text{-}2)$$

$$I_{L} = I_{P} \qquad (3\text{-}8\text{-}3)$$

当对称负载为三角形联结时,负载上电压与电流为

$$U_{L} = U_{P} \qquad (3\text{-}8\text{-}4)$$

$$I_{L} = \sqrt{3}I_{P} \qquad (3\text{-}8\text{-}5)$$

电路总有功功率为

$$P = 3P_{P} = 3U_{P}I_{P}\cos\varphi = \sqrt{3}U_{L}I_{L}\cos\varphi \qquad (3\text{-}8\text{-}6)$$

因为三相电路的线电压和线电流比较容易测量,通常用 $P = \sqrt{3}U_{L}I_{L}\cos\varphi$ 计算三相电路的有功功率。

3)三相功率的测量

图3-8-1所示为三相电路的二功率表法测量参考电路。在实际测量时,在三相三线制中,不论负载对称与否,都可使用两只功率表来测三相功率,称为二功率表法。两只功率表的电流线圈分别串入任意两条相线中(图3-8-1所示为U、V线),电压线圈的非 * 标端共同接在第三条相线上(图3-8-1所示为W线)。

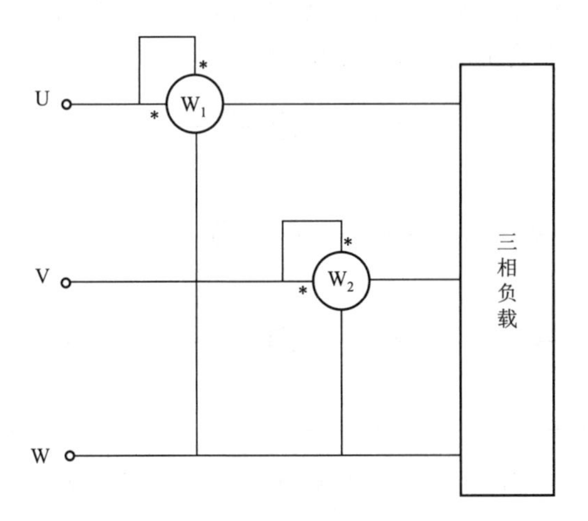

图3-8-1　三相电路的二功率表法测量参考电路

图3-8-2所示为负载对称三相电路相量图。由图可见,U_{UW}与 I_{U}之间的相位差为$(30° - \varphi)$,U_{VW}与 I_{V} 之间的相位差为$(30° + \varphi)$。功率表 W_1所测得的有功功率 P_1 为

$$P_{1} = U_{UW}I_{U}\cos(30° - \varphi) = U_{L}I_{L}\cos(30° - \varphi) \qquad (3\text{-}8\text{-}7)$$

功率表 W_2所测得的有功功率 P_2 为

$$P_{2} = U_{VW}I_{V}\cos(30° + \varphi) = U_{L}I_{L}\cos(30° + \varphi) \qquad (3\text{-}8\text{-}8)$$

两个功率表所测有功功率之和为

$$P = P_1 + P_2 = U_L I_L [\cos(30° - \varphi) + \cos(30° + \varphi)] = \sqrt{3} U_L I_L \cos\varphi \tag{3-8-9}$$

上式表明:两个功率表所测得的有功功率之和等于三相负载总的有功功率。可以证明,在不对称三相三线制电路中,两个功率表所测得的有功功率之和,也等于三相负载总的有功功率。

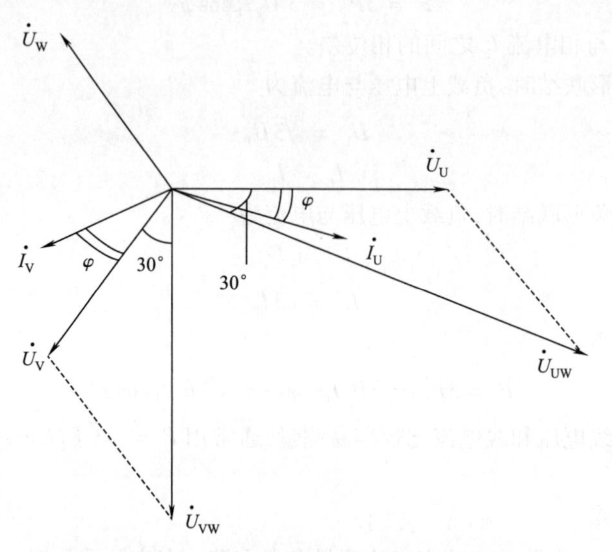

图 3-8-2 负载对称三相电路相量图

(1)二表法测量有功功率(可用白炽灯作为电阻性负载)。图 3-8-3 所示为二表法测量有功功率的参考电路。将图 3-8-3 组成星形联结,得到图 3-8-4 所示接线图。注意功率表电压线圈和电流线圈的同名端接法。U、V、W 接三相电源端,注意接线时必须关闭电源。

接线完毕并检查无误后,合上电源开关,读取两个功率表的测量数据,并记录在表 3-8-1 中。

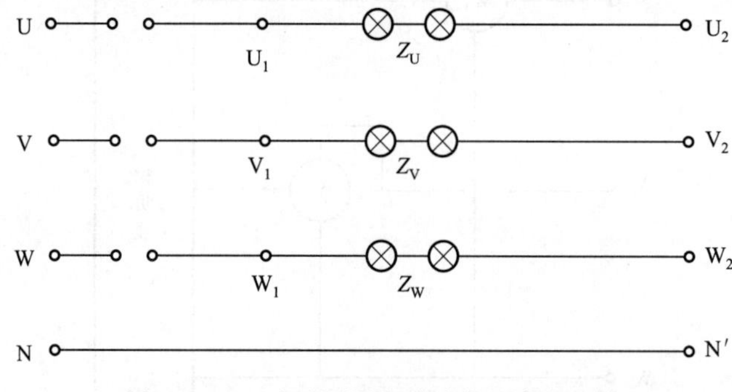

图 3-8-3 二表法测量有功功率的参考电路

(2)三表法测量有功功率(可用白炽灯作为电阻性负载)。将图 3-8-3 组成星形联结,得到图 3-8-5所示接线图。注意功率表电压线圈和电流线圈的同名端接法。U、V、W 接三相电源端,注意接线时必须关闭电源。

接线完毕并检查无误后,合上电源开关,读取三个功率表的测量数据,并记录在表 3-8-1 中。与二表法的测量结果进行比较。

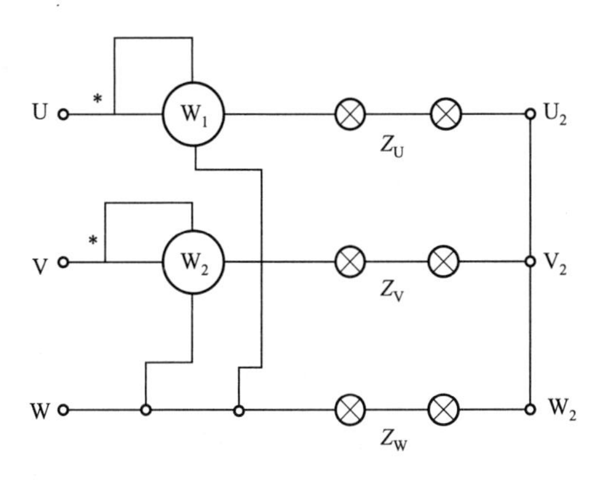

图 3-8-4 二表法功率测量接线图

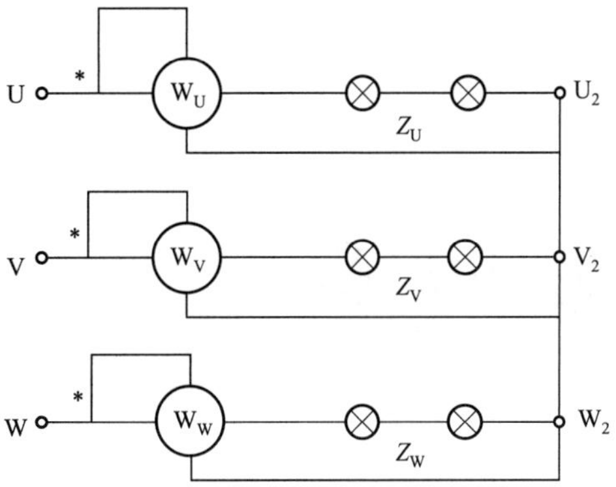

图 3-8-5 三表法功率测量接线图

改变某一相负载的大小,例如在 W 相并联一组白炽灯,而使三相负载不对称。分别用二表法和三表法测量电路的有功功率,记录负载在何种组合下的测量数据,并将两组测量结果进行比较。

表 3-8-1 三相负载有功功率的测量

项　　目	P_U/W	P_V/W	P_W/W	P_1/W	P_2/W	P/W
对称负载(二表法)						
对称负载(三表法)						
不对称负载(二表法)						
不对称负载(三表法)						

3. 实验思考

(1)功率表电压线圈和电流线圈为何接到同名端?

(2)实验中,如果将三相负载 Z_U、Z_V、Z_W 做三角形联结,此时电路消耗的有功功率与原来三相负载星形联结时是否一样?

(3)在对称负载下,用二表法测量有功功率时,是否可以判断负载的性质(感性、容性或阻性)?为什么?

(4)自行设计测量无功功率的电路接线图,并进行理论与实验的验证。

第一节　验证基本逻辑门电路的逻辑功能

1. 实验目的

(1)认识逻辑值1、0和逻辑门的输入、输出信号电平之间的关系。

(2)从逻辑门的输入、输出电平关系去认识逻辑与、或、非的组合运算。

(3)熟悉基本逻辑门的使用。

2. 实验指导

门电路实际上是一种条件开关电路,由于门电路的输出信号与输入信号之间存在着一定的逻辑关系,故又称之为逻辑门电路。

1)TTL逻辑门电路

TTL基本门电路有与门、或门、非门3种,也可将其组合而构成其他逻辑门电路,如与非门、或非门、与或非门等。实验采用74LS系列TTL逻辑门电路,其工作电源电压为(5±0.5)V,逻辑高电平“1”时,门电路电压≥2.4 V;逻辑低电平“0”时,门电路电压≤0.4 V。

(1)与门逻辑功能测试。图4-1-1为与门74LS08引脚排列图;图4-1-2为与门电路原理图。输出与输入的逻辑关系为 $Q=AB$ 。

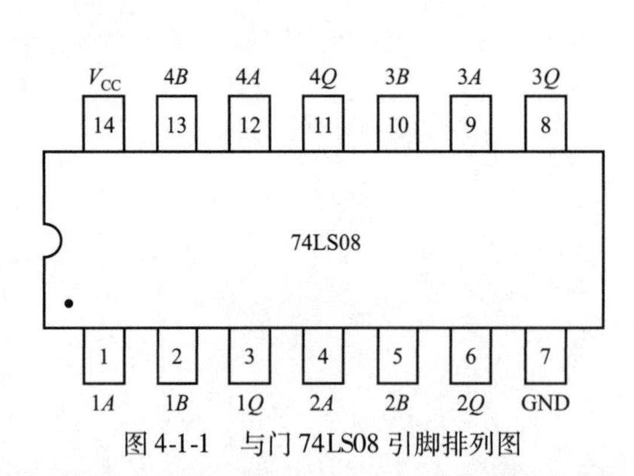

图4-1-1　与门74LS08引脚排列图

图4-1-2　与门电路原理图

将74LS08集成电路芯片插入IC空插座中,输入端接逻辑开关,输出端接LED发光二极管。引脚14接+5 V电源,引脚7接地,如图4-1-2所示。将测量结果用逻辑“0”或“1”表示,填入表4-1-1中。

表 4-1-1　门电路逻辑功能表

输　　入		输　　出			
$B(K_2)$	$A(K_1)$	与门 $Q=AB$	或门 $Q=A+B$	与非门 $Q=\overline{AB}$	或非门 $Q=\overline{A+B}$
0	0				
0	1				
1	0				
1	1				

(2)或门逻辑功能测试。图 4-1-3 为或门 74LS32 引脚排列图;图 4-1-4 为或门电路原理图。其输出与输入的逻辑关系为 $Q=A+B$。

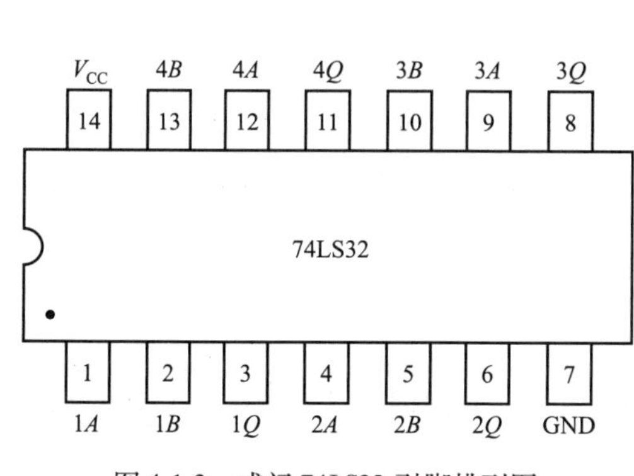

图 4-1-3　或门 74LS32 引脚排列图

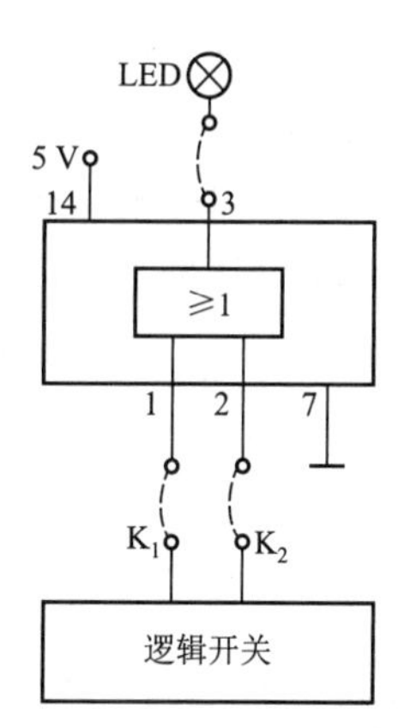

图 4-1-4　或门电路原理图

将 74LS32 集成电路芯片插入 IC 空插座中,输入端接逻辑开关,输出端接 LED 发光二极管,引脚 14 接 +5 V 电源,引脚 7 接地,如图 4-1-4 所示。将测量结果用逻辑"0"或"1"表示,填入表 4-1-1 中。

(3)与非门逻辑功能测试。图 4-1-5 为与非门 74LS00 引脚排列图;图 4-1-6 为与非门电路原理图。其输出与输入的逻辑关系为 $Q=\overline{AB}$。

将 74LS00 集成电路芯片插入 IC 空插座中,输入端接逻辑开关,输出端接 LED 发光二极管,引脚 14 接 +5 V 电源,引脚 7 接地,如图 4-1-6 所示。将测量结果用逻辑"0"或"1"表示,填入表 4-1-1 中。

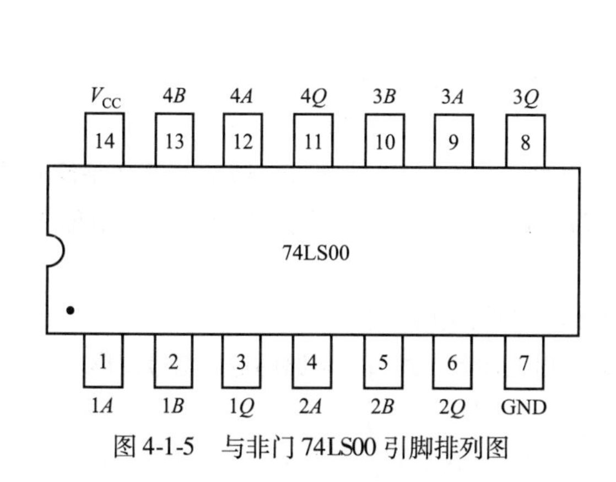

图 4-1-5　与非门 74LS00 引脚排列图

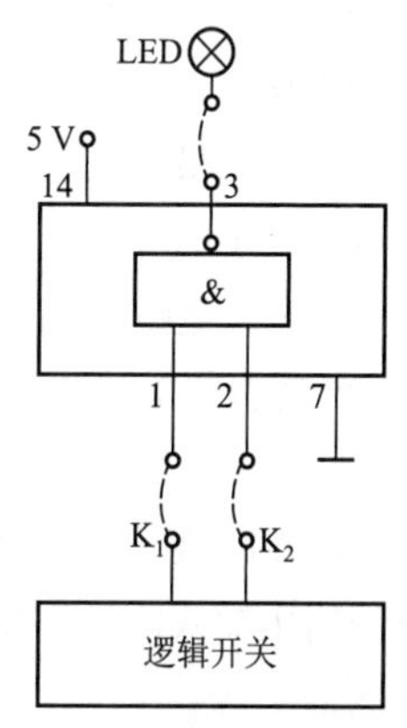

图 4-1-6　与非门电路原理图

(4)或非门逻辑功能测试。图 4-1-7 为用或门及非门构成的或非门电路原理图。其输出与输入之间的逻辑关系为 $Q=\overline{A+B}$。

将集成电路芯片插入 IC 空插座中,输入端接逻辑开关,输出端接 LED 发光二极管,引脚 14 接 +5 V 电源,引脚 7 接地,如图 4-1-7 所示。将测量结果用逻辑“0”或“1”表示,填入表 4-1-1 中。

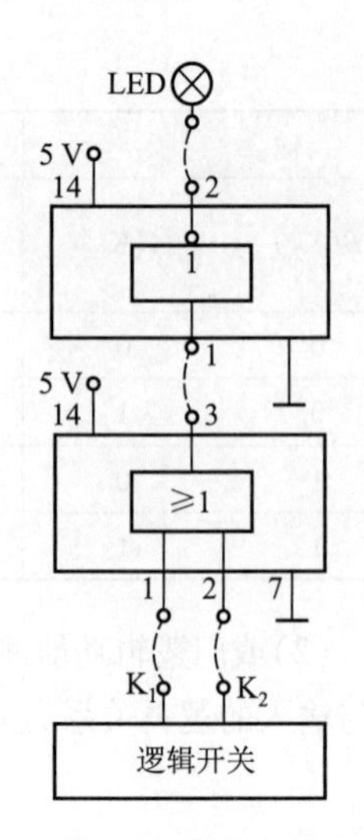

图 4-1-7 或非门电路原理图

2)CMOS 逻辑门电路

CMOS 逻辑门电路的逻辑符号、逻辑关系及引脚排列方法均同 TTL 逻辑门电路,所不同的是型号和电源电压范围。

(1)CMOS 逻辑门电路的逻辑功能验证方法同 TTL 逻辑门电路,仅以 CMOS 或非门逻辑功能验证为例,选用 CD4002 四输入二或非门集成电路芯片进行验证。图 4-1-8 为或非门 CD4002 引脚排列图;图 4-1-9 为 CMOS 或非门电路原理图。

(2)将或非门 CD4002 集成电路芯片插入 IC 空插座中。输入端接逻辑开关,输出端接 LED 发光二极管,引脚 14 接 +5 V 电源,引脚 7 接地,如图 4-1-9所示。输入相应的逻辑信号,验证其功能是否满足或非门逻辑表达式 $Q=\overline{A+B+C}$,并将结果填入自拟的表格中。

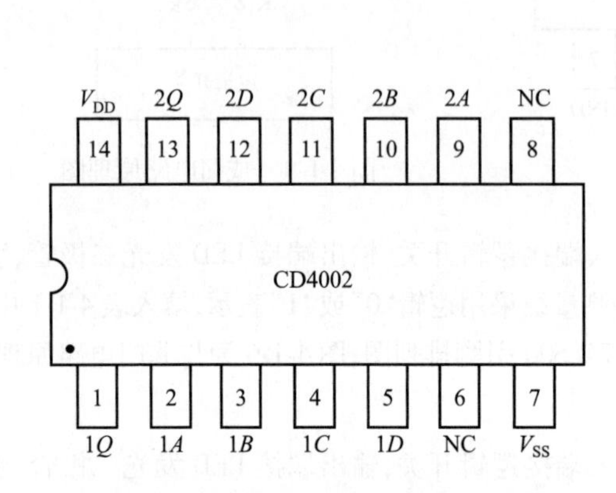

图 4-1-8 或非门 CD4002 引脚排列图

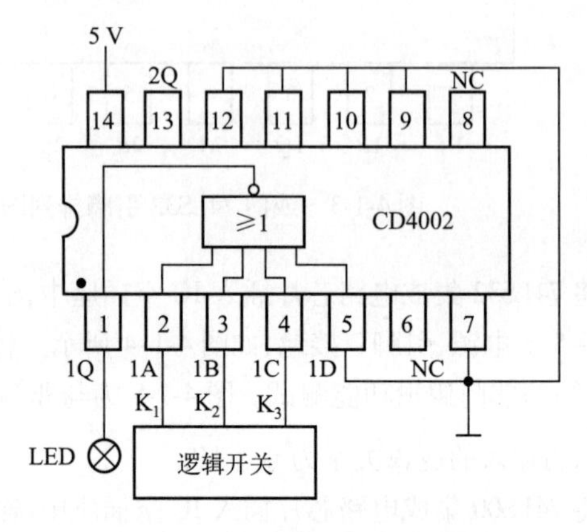

图 4-1-9 CMOS 或非门电路原理图

3. 实验思考

(1)整理实验表格,画出测量各个逻辑门电路功能的接线图。

(2)逻辑运算中的“0”或“1”是否表示两个数字?什么是正逻辑和负逻辑?

(3)TTL 逻辑门电路的输入端口如果悬空(即不接入信号),则输入视为高电平还是低电平?

(4)CMOS 逻辑门电路与 TTL 逻辑门电路不同,多余不用的门电路或触发器等,其输入端应如何处理?

(5)试比较 TTL 逻辑门电路与 CMOS 逻辑门电路的优缺点。

(6)自行给出输入信号的“0”、“1”波形,画出上述各个逻辑门电路的输出信号波形。

第二节 半加器、全加器实验

1. 实验目的

(1)验证半加器、全加器的逻辑功能。

(2)熟悉半加器、全加器的不同组成方法。

(3)认识全加器的意义和应用。

2. 实验指导

如果不考虑来自低位的进位,将两个1位二进制数相加,称为半加,实现半加运算的电路称为半加器。在将两个多位二进制数相加时,除了最低位以外,每一位都应该考虑来自低位的进位,这种运算称为全加,实现全加运算的电路称为全加器。

1)半加器逻辑功能验证

根据组合逻辑电路的设计方法,首先列出半加器的真值表,见表4-2-1;再由异或门74LS86和与门74LS08组成半加器。异或门74LS86的引脚排列图如图4-2-1所示;半加器实验电路图如图4-2-2所示。

表4-2-1 半加器的真值表

输 入		输 出	
A	B	S	C
0	0	0	0
0	1	1	0
1	0	1	0
1	1	0	1

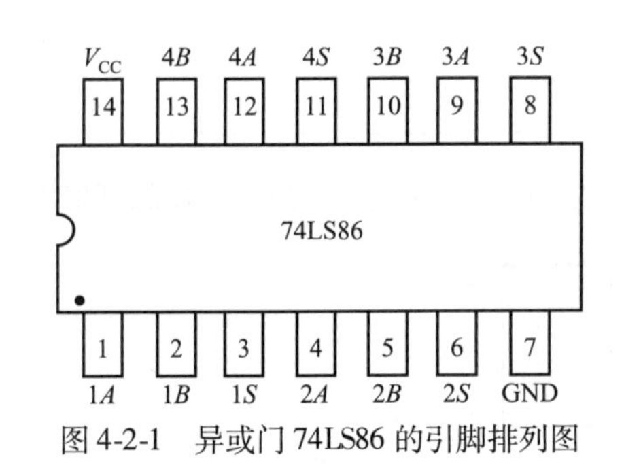

图4-2-1 异或门74LS86的引脚排列图

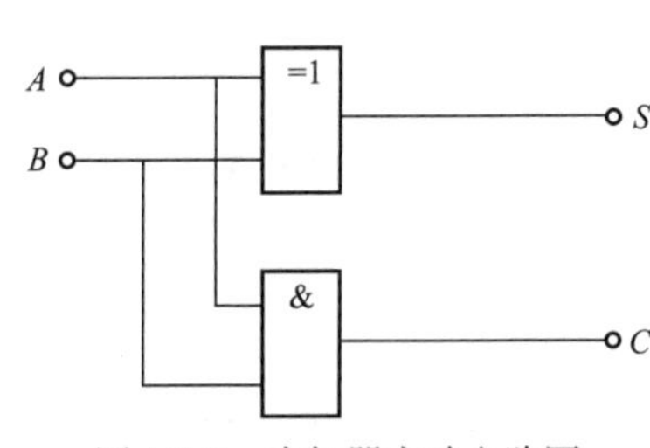

图4-2-2 半加器实验电路图

将异或门74LS86及与门74LS08集成电路芯片插入IC空插座中,按图4-2-2接线,进行半加器逻辑功能验证。实验时输入端A、B接输入信号,输出端S、C接LED发光二极管,观察输出的逻辑值,是否符合表4-2-1的逻辑关系。

2)全加器逻辑功能验证

实验中,全加器不用基本门电路来构成,而选用集成双全加器74LS183来实现。全加器74LS183引脚排列图如图4-2-3所示;全加器实验电路图如图4-2-4所示。

将全加器74LS183集成电路芯片插入IC空插座,输入端A、B、C_{i-1}分别接逻辑开关K_1、K_2、K_3,输出S_i和C_i接LED,如图4-2-4所示。按全加器的真值表(见表4-2-2)输入逻辑电平信号,观察输出的逻辑值是否符合表4-2-2的逻辑关系。

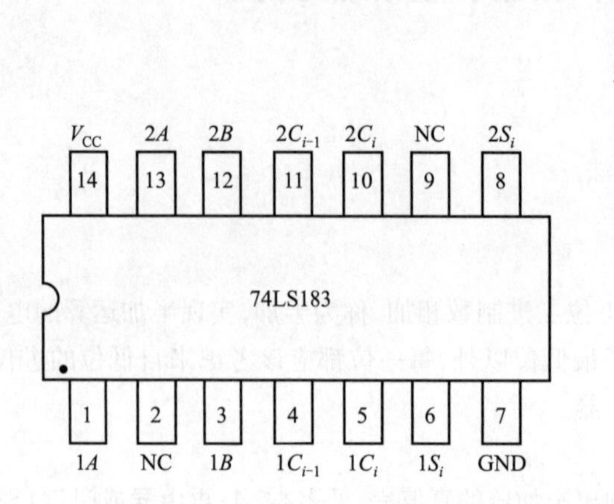

图4-2-3 全加器74LS183引脚排列图

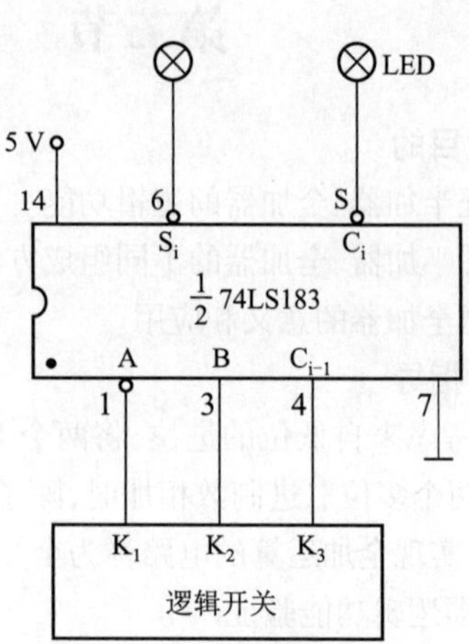

图4-2-4 全加器实验电路图

表4-2-2 全加器的真值表

输入			输出	
C_{i-1}	A	B	S_i	C_i
0	0	0	0	0
0	0	1	1	0
0	1	0	1	0
0	1	1	0	1
1	0	0	1	0
1	0	1	0	1
1	1	0	0	1
1	1	1	1	1

图4-2-5所示为用半加器实现全加器的实验电路图。试自行接线并完成全加器的真值表。

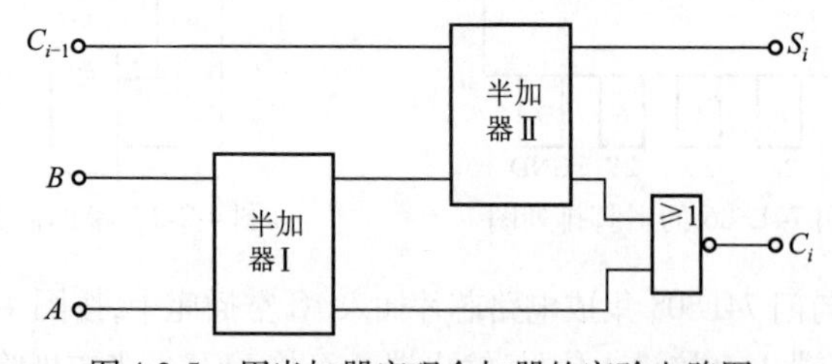

图4-2-5 用半加器实现全加器的实验电路图

3. 实验思考

(1)二进制加法运算与逻辑加法运算的含义有何不同?

(2)试用加法器设计组合逻辑电路。

(3)用与非门、非门设计半加器和全加器,注意区别。

第三节　数据选择器、数据分配器实验

1. 实验目的

(1)验证数据选择器、数据分配器的逻辑功能。

(2)熟悉集成数据选择器及集成数据分配器的典型应用。

2. 实验指导

1)数据选择器

数据选择器是组合逻辑电路的一种形式,它根据地址码要求,从多路输入信号中选择其中一路作为输出电路,其结构图如图 4-3-1 所示。

$D_0 \sim D_{m-1}$为 m 个数据源,$A_0 \sim A_{n-1}$为 n 位地址码,数据输出由地址码控制,在结构上类似于一个多掷开关,等效图如图 4-3-2 所示。

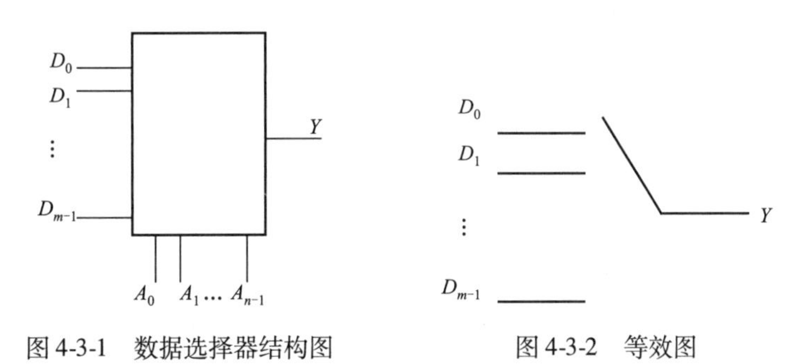

图 4-3-1　数据选择器结构图　　　　图 4-3-2　等效图

(1)在数字信号的传输过程中,有时需要从一组输入数据中选出某一个作为输出,这时要用到数据选择器(又称多路开关)的逻辑电路。如 4 选 1 数据选择器,有 4 个数据输入端,1 个数据输出端,2 个地址选择端,1 个低电平或高电平有效的选通端/使能端。

(2)数据选择器的集成电路有多种类型,以 8 选 1 数据选择器 74LS151 为例进行验证。图 4-3-3 为 74LS151 引脚排列图;图 4-3-4 为数据选择器实验电路图。将 8 选 1 数据选择器 74LS151 插入 IC 空

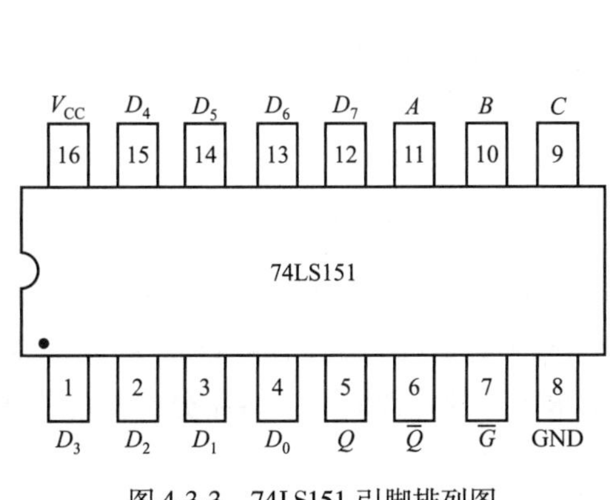

图 4-3-3　74LS151 引脚排列图

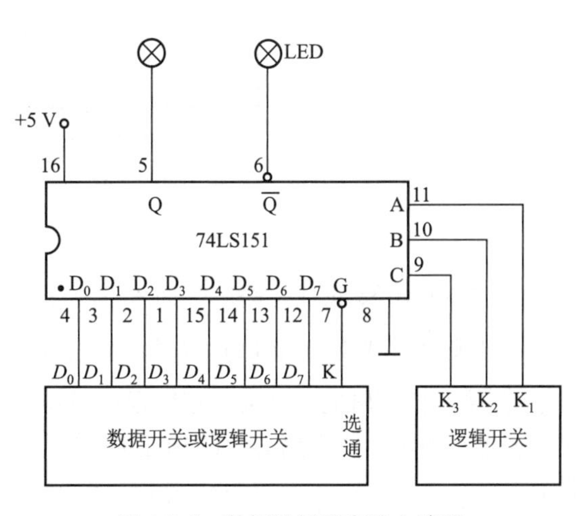

图 4-3-4　数据选择器实验电路图

插座中,按图 4-3-4 接线。其中 C、B、A 为 3 位地址码,$\overline{G}$为低电平选通输入端,$D_0 \sim D_7$ 为数据输入端,Q 为原码输出端,$\overline{Q}$ 为反码输出端。设置选通端 $\overline{G}$ 为低电平有效时,则数据选择器被选中。拨动逻辑开关 $K_3 \sim K_1$,自行设置逻辑变量并观察输出端 Q 和$\overline{Q}$的输出结果,将结果记录在表 4-3-1 中。

表 4-3-1 数据选择器 74LS151 的功能表

输入												输出	
$\overline{G}$	C	B	A	D_0	D_1	D_2	D_3	D_4	D_5	D_6	D_7	Q	$\overline{Q}$
1	×	×	×	×	×	×	×	×	×	×	×	0	1
0	0	0	0	D_0	×	×	×	×	×	×	×		
0	0	0	1	×	D_1	×	×	×	×	×	×		
0	0	1	0	×	×	D_2	×	×	×	×	×		
0	0	1	1	×	×	×	D_3	×	×	×	×		
0	1	0	0	×	×	×	×	D_4	×	×	×		
0	1	0	1	×	×	×	×	×	D_5	×	×		
0	1	1	0	×	×	×	×	×	×	D_6	×		
0	1	1	1	×	×	×	×	×	×	×	D_7		

2)数据分配器

(1)数据分配器就是带控制端的译码器。其逻辑功能就是将一个数据分时分送到多个输出端输出,即一路输入、多路输出。常用译码器集成电路芯片作为数据分配器。如 8 路输出的数据分配器,有 1 个数据输入端,3 个地址选择端,8 个数据输出端。用 3 线-8 线译码器接成数据分配器形式,完成 8 路信号的传输。

图 4-3-5 为 3 线-8 线译码器 74LS138 引脚排列图。

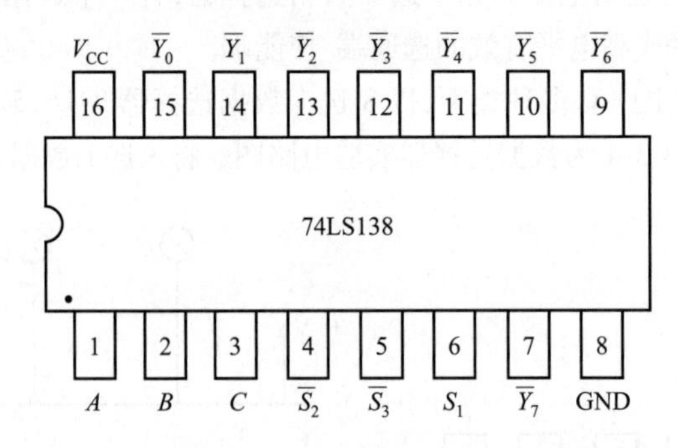

图 4-3-5 3 线-8 线译码器 74LS138 引脚排列图

(2)将 74LS138 集成电路芯片插入 IC 空插座中,按图 4-3-6 接线。$D_0 \sim D_7$ 分别接数据开关或逻辑开关,$\overline{Y}_0 \sim \overline{Y}_7$接 8 个 LED 以显示输出电平。数据选择器和数据分配器的地址码一一对应相连,并接三位逻辑电平开关。把数据选择器 74LS151 原码输出端 Q 与 74LS138 的 $\overline{S}_2$ 和 $\overline{S}_3$ 输入端相连。两个集成电路芯片的选通端分别接规定的电平。这样即完成了多路分配器的功能验证。

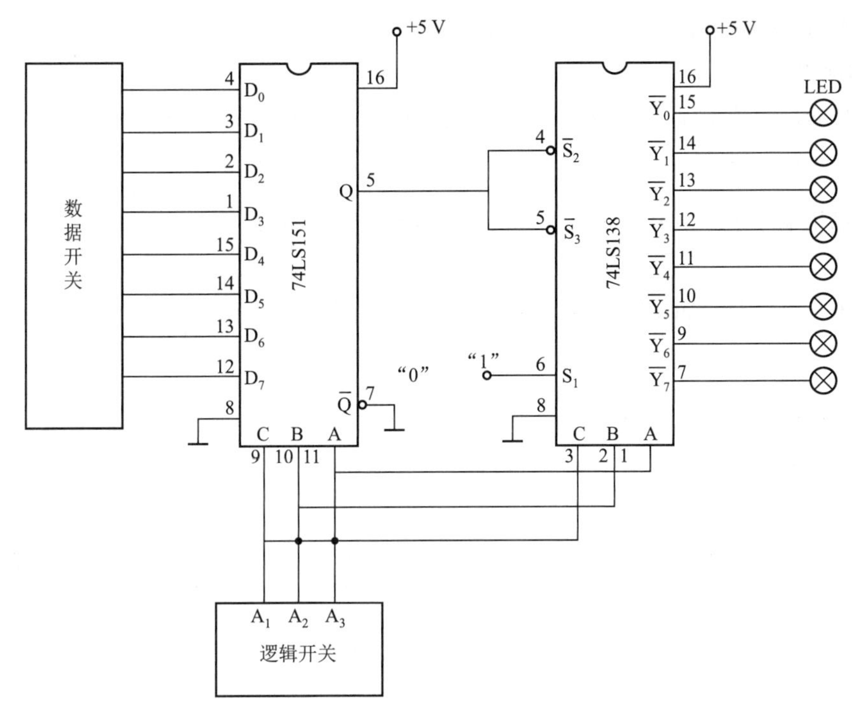

图 4-3-6　数据分配器实验电路图

自行设置 $D_0 \sim D_7$ 的状态，再分别设置地址码的所有变化，观察输出 LED 的状态，并记录在自拟的表格中。

3. 实验思考

(1)试用带控制输入端的译码器组成数据分配器。

(2)试用数据选择器设计组合逻辑电路。

(3)试用数据选择器实现全加器及比较器的功能并画出具体接路图。

(4)分析用数据选择器设计组合逻辑电路，与用译码器设计组合逻辑电路有何不同点？

第四节　触发器及逻辑功能的转换实验

1. 实验目的

(1)验证基本触发器的逻辑功能，掌握逻辑功能的测试方法。

(2)熟悉触发器的输入、输出信号及时钟的波形关系。

(3)了解触发器的分类；理解基本触发器和时钟触发器的区别。

(4)掌握基本触发器不同逻辑功能之间的转换方法。

2. 实验指导

触发器是指能够存储 1 位二值信号的基本单元电路。其能够具有两个稳定状态，即电路存在记忆功能。两个稳定状态分别定义为置位(set)和复位(reset)。在置位状态时，触发器记忆二进制数 1；在复位状态时，触发器记忆二进制数 0。

按电路结构，触发方式分为电平触发、脉冲触发和边沿触发 3 种。根据触发逻辑功能的不同，分为 RS 触发器、JK 触发器、T 触发器、D 触发器等几种类型。

1)基本触发器

(1)用与非门组成的基本 RS 触发器。用与非门组成的基本 RS 触发器电路图如图 4-4-1 所示,它有两个输入端$\overline{S}$(K_1)和$\overline{R}$(K_2),两个输出端 Q 和$\overline{Q}$。用与非门组成的基本 RS 触发器特性表见表 4-4-1。

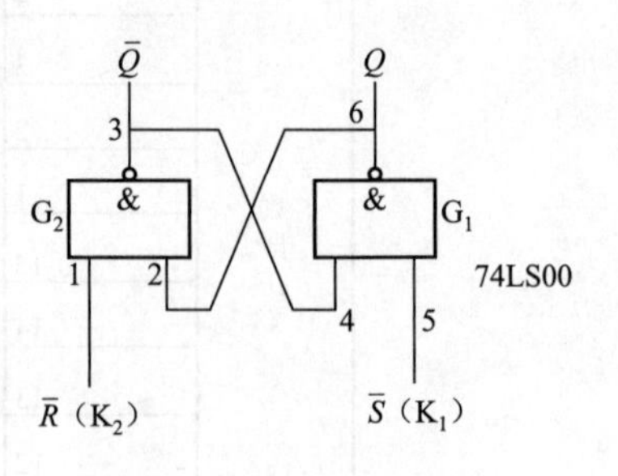

图 4-4-1 用与非门组成的基本 RS 触发器电路图

将 74LS00 与非门集成电路芯片插入 IC 空插座中。按图 4-4-1 接上电源和接地线,其中输出端 Q 和$\overline{Q}$分别接两只 LED,输入端$\overline{S}$、$\overline{R}$ 分别接逻辑开关 K_1、K_2。按表 4-4-1 分别拨动逻辑开关 K_1 和 K_2,输入$\overline{S}$和 $\overline{R}$ 的状态,观察输出 Q 和$\overline{Q}$的状态。在所设置的初态下,把次态Q^{n+1}记录在表 4-4-2中。

表 4-4-1 用与非门组成的基本 RS 触发器特性表

$\overline{S}$	$\overline{R}$	Q	$\overline{Q}$
1	1	不变	不变
1	0	0	1
0	1	1	0
0	0	不定	不定

表 4-4-2 用与非门组成的基本 RS 触发器逻辑功能表

$\overline{S}$	$\overline{R}$	Q^n	Q^{n+1}
1	1	0	
1	1	1	
0	1	0	
0	1	1	
1	0	0	
1	0	1	
0	0	0	
0	0	1	

(2)用或非门组成的基本 RS 触发器。图 4-4-2 为或非门 74LS02 引脚排列图;用两个或非门组成的基本 RS 触发器电路图如图 4-4-3 所示;表 4-4-3 为用或非门组成的基本 RS 触发器特性表。

将 74LS02 或非门集成电路芯片插入 IC 空插座中,按图 4-4-3 接上电源和接地线,输出端 Q 和$\overline{Q}$分别接两只 LED,输入端 S 和 R 分别接逻辑开关 K_1 和 K_2。按表 4-4-3 分别拨动逻辑开关 K_1 和 K_2,输入 S 和 R 的状态,观察 Q 和$\overline{Q}$的状态。在所设置的初态下,把次态Q^{n+1}记录在表 4-4-4中。

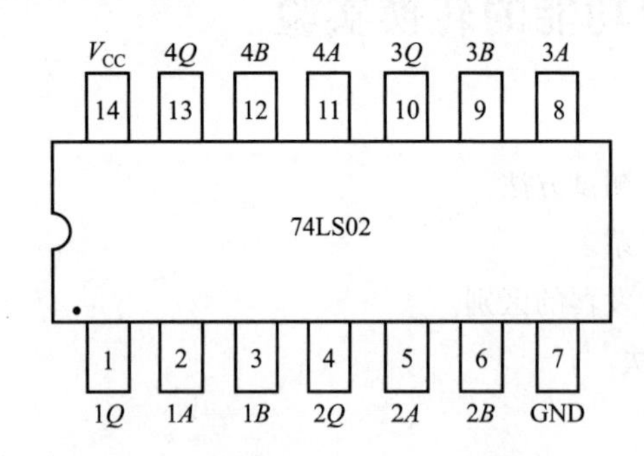

图 4-4-2 或非门 74LS02 引脚排列图

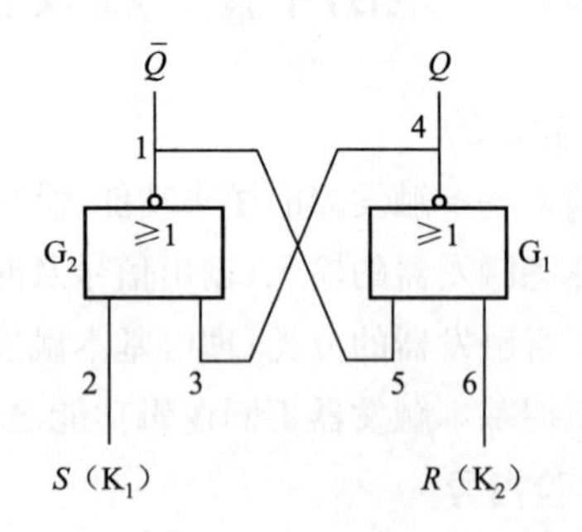

图 4-4-3 用两个或非门组成的基本 RS 触发器电路图

表 4-4-3　用或非门组成的基本 RS 触发器特性表

S	R	Q	$\overline{Q}$
0	0	不变	不变
0	1	0	1
1	0	1	0
1	1	不定	不定

表 4-4-4　用或非门组成的基本 RS 触发器逻辑功能表

S	R	Q^n	Q^{n+1}
0	0	0	
0	0	1	
1	0	0	
1	0	1	
0	1	0	
0	1	1	
1	1	0	
1	1	1	

2)时钟触发器

时钟触发器按逻辑功能一般分为以下 5 种：RS、D、JK、T、T′。它们的触发方式往往取决于该时钟触发器的结构，通常有 3 种不同的触发方式：电平触发(高电平触发、低电平触发)；边沿触发(上升沿触发、下降沿触发)；主从触发。这里选用上升沿触发的 74LS74 双 D 触发器和下降沿触发的 74LS112 双 JK 触发器，来验证 D 触发器和 JK 触发器的逻辑功能。

(1)D 触发器。上升沿触发的 D 触发器又称维持阻塞 D 触发器。因为在电路上有称为维持线和阻塞线的连线，它们保证信号在边沿的作用，如图 4-4-4 所示。其工作原理如下。

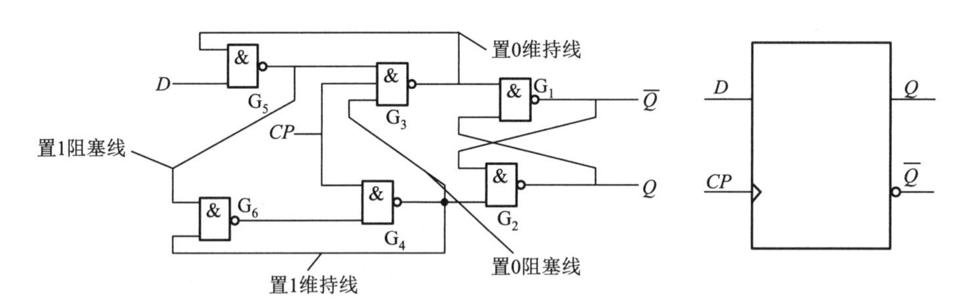

图 4-4-4　上升沿触发的 D 触发器电路及其符号

当 $CP=0$ 时，G_3、G_4 输出为 1，G_1、G_2 输出保持不变。G_5 输出为 D，G_6 输出 $\overline{D}$。

设 $D=0$，CP 从 0 到 1 时，G_3 输出从 1 到 0，反馈线封锁了输入，维持输出为 0，而 G_4 输出不变，则 $Q=0$，$\overline{Q}=1$。如果 CP 为 1 后，D 发生变化，由于有置 1 阻塞线，也不会改变输出，置 0 维持线保证输出为 0。

设 $D=1$，CP 从 0 到 1 时，G_3 输出为 1 不变，而 G_4 输出从 1 到 0，反馈线封锁 G_3 和 G_6，维持 G_4 为 0，则 $Q=1$，$\overline{Q}=0$。如果 CP 为 1 后，D 发生变化，由于有置 0 阻塞线，也不会改变输出，置 1 维持线保证输出为 1。

上升沿触发的 D 触发器的特性方程为

$$Q^{n+1}=[D]\cdot CP\uparrow \tag{4-4-1}$$

功能表见表 4-4-5 。

表 4-4-5　上升沿触发的 D 触发器功能表

CP	D	Q^{n+1}
↑	L	L
↑	H	H

将 74LS74 集成电路芯片插入 IC 空插座中，其引脚排列图如图 4-4-5 所示，按图 4-4-6 接线，其中 $1D$、$1\overline{R}_d$、$1\overline{S}_d$ 分别接逻辑开关 K_1、K_2、K_3，$1CP$ 接单次脉冲，输出 $1Q$ 和 $1\overline{Q}$ 分别接两只 LED。

V_{CC}和 GND 接 5 V 电源的"+"和"-"。

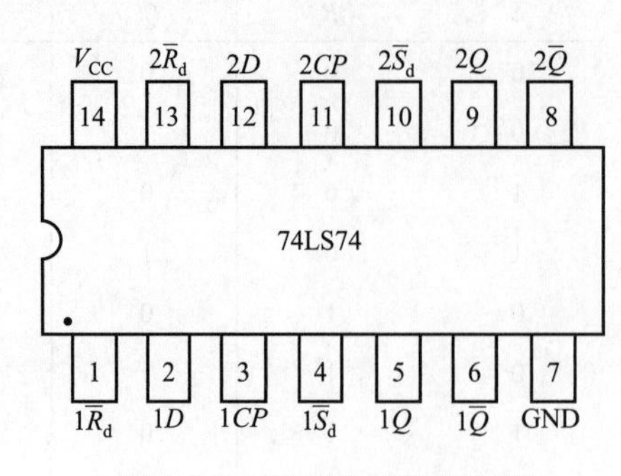

图 4-4-5　74LS74 引脚排列图

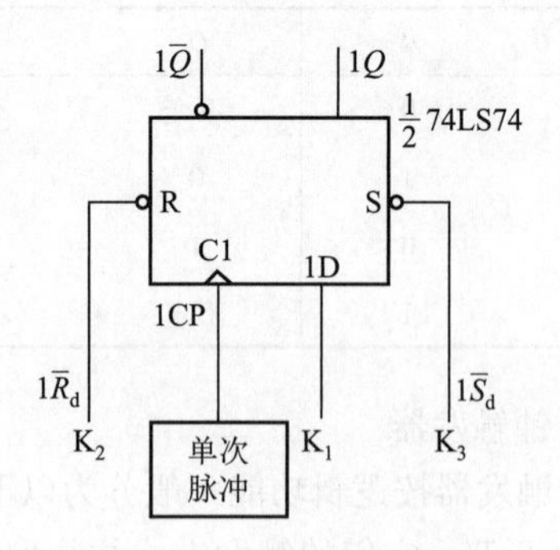

图 4-4-6　D 触发器电路图

接通电源，按下列步骤验证 D 触发器的逻辑功能。

①置 $1\ \overline{S}_d(K_3)=1$，$1\ \overline{R}_d\ (K_2)=0$，则 $Q=0$。按动单次脉冲，Q 和$\overline{Q}$状态不变；改变 $1D(K_1)$，Q 和 $\overline{Q}$ 状态仍不变。

②置 $1\ \overline{S}_d(K_3)=0$，$1\ \overline{R}_d(K_2)=1$，则 $Q=1$。按动单次脉冲或改变 $1D(K_1)$，Q 和$\overline{Q}$状态不变。

③置 $1\ \overline{S}_d(K_3)=1$，$1\ \overline{R}_d(K_2)=1$，若 $1D(K_1)=1$，按动单次脉冲，则 $Q=1$；若 $1D(K_1)=0$，按动单次脉冲，则 $Q=0$。

④把 $1D$ 接到 K_1 的导线去掉，而把 $\overline{Q}$ 和 $1D$ 相连接，按动单次脉冲，Q 在脉冲上升沿时翻转，即 $Q^{n+1}=\overline{Q}$。

(2)JK 触发器。JK 触发器也是从 RS 触发器改进而得到的，如图 4-4-7 所示。上升沿触发的 JK 触发器又称利用传输迟延的边沿触发器，它是利用门电路的传输时间的不同来实现边沿触发的，虽然工作原理不同，但是实际的结果是一样的，都在时钟的边沿输入、输出。

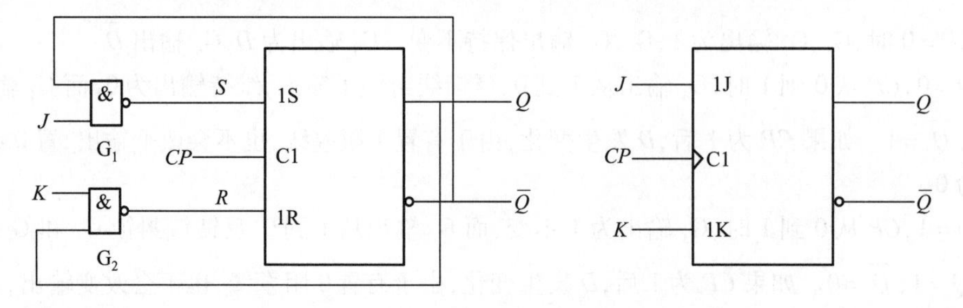

图 4-4-7　上升沿触发的 JK 触发器电路及其符号

上升沿触发的 JK 触发器特性方程为

$$Q^{n+1}=[J\overline{Q}+\overline{K}Q]\cdot CP\uparrow \tag{4-4-2}$$

功能表见表 4-4-6。

将 74LS112 集成电路芯片插入 IC 空插座中，其引脚排列图如图 4-4-8 所示。按图 4-4-9 接线，其中 $1\overline{R}_d$、$1\overline{S}_d$、$1J$、$1K$ 分别接逻辑开关 K_1、K_2、K_3、K_4，$1CP$ 接单次脉冲，Q 和$\overline{Q}$分别接 LED，V_{CC}和 GND 接 5 V 电源的"+"和"-"。

表 4-4-6　上升沿触发的 JK 触发器功能表

CP	J	K	Q	Q^{n+1}
↑	L	L	L	L
↑	L	L	H	H
↑	L	H	L	L
↑	L	H	H	L
↑	H	L	L	H
↑	H	L	H	H
↑	H	H	L	H
↑	H	H	H	L

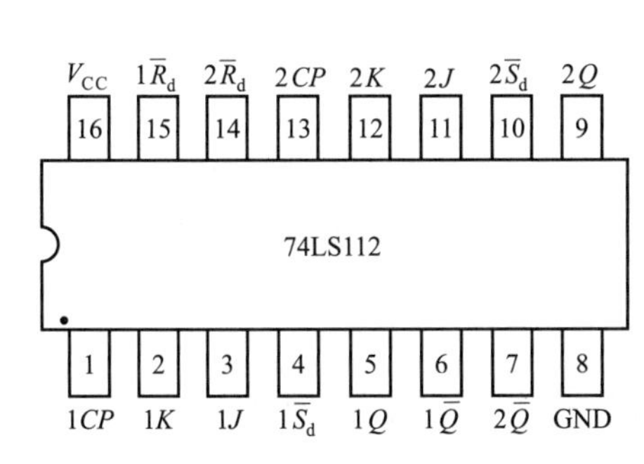

图 4-4-8　74LS112 引脚排列图

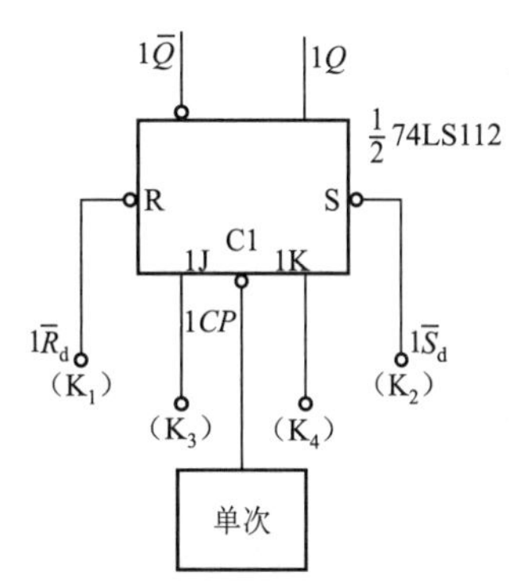

图 4-4-9　JK 触发器电路图

接通电源,按下列步骤验证 JK 触发器的逻辑功能。

$1\overline{R}_d$和 $1\overline{S}_d$ 为直接置 0 端和置 1 端,所以当:

$1\overline{R}_d(K_1)=0, 1\overline{S}_d(K_2)=1$ 时,则 $Q=0$。

$1\overline{R}_d(K_1)=1, 1\overline{S}_d(K_2)=0$ 时,则 $Q=1$。

当 $1\overline{R}_d=1\overline{S}_d=1$ 时,则分别置:

$1J(K_3)=0, 1K(K_4)=1$,输入单次脉冲,则在 CP 下降沿时,Q 输出为 0。继续输入单次脉冲,Q 保持 0 不变。

$1J(K_3)=1, 1K(K_4)=0$,输入单次脉冲,则在 CP 下降沿时,Q 输出为 1。继续输入单次脉冲,Q 保持 1 不变。

$1J(K_3)=1, 1K(K_4)=1$,输入单次脉冲,则在 CP 下降沿时,Q 输出翻转。$Q^{n+1}=\overline{Q}$。

$1J(K_3)=0, 1K(K_4)=0$,输入单次脉冲,Q 状态不变,保持。即若原先 $Q=1$,则 Q 仍为1;若原先 $Q=0$,则 Q 仍为 0。

3)触发器逻辑功能的转换

触发器逻辑功能的转换在实际应用中是经常用到的,比如 JK 触发器转换成 D、RS、T、T′触发器,或 D 触发器转换成 JK、RS、T、T′触发器等等。图 4-4-10 中列出几种触发器逻辑功能的转换。

按图 4-4-10(a)、(b)、(c)分别进行接线。输入变量,观察它们的输出是否和要求转换的触发器功能表一致。如 JK 触发器转换为 D 触发器,在 J 端输入 1 或 0,在 CP 的作用下,观察其功能是否和 D 触发器功能一致。

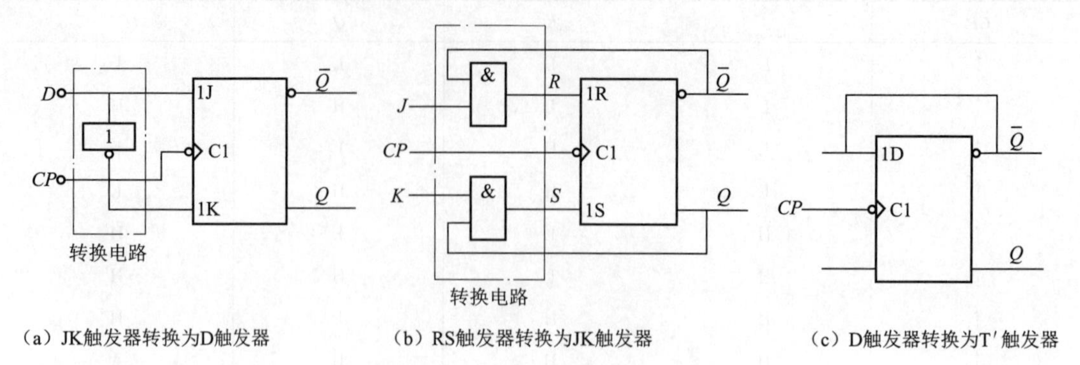

(a) JK触发器转换为D触发器 (b) RS触发器转换为JK触发器 (c) D触发器转换为T′触发器

图 4-4-10 触发器逻辑功能的转换

3. 实验思考

(1)记录实验数据并进行分析总结。

(2)自行设计用 JK 触发器和基本门电路组成 D 触发器。

(3)由与非门组成的基本触发器实验中,当 $\overline{S}$、$\overline{R}$ 的状态同时由低变高时,Q 的状态有可能为 1,也可能为 0,这取决于两个与非门的延时传输时间,这一状态对触发器来说是不正常的,在使用中应尽量避免,为什么?

第五节 寄存器和移位寄存器实验

1. 实验目的

(1)验证寄存器和移位寄存器的功能。

(2)熟悉移位寄存器的逻辑电路和工作原理。

2. 实验指导

1)寄存器

寄存器用于寄存一组二值代码。因为一个触发器能存储 1 位二值代码,所以用 N 个触发器组成的寄存器可以存储一组 N 位的二值代码。对于寄存器中的触发器,要求具有置 1、置 0 的功能。

分别将 2 个双 JK 触发器 74LS112 及 2 个二输入端与门 74LS08 集成电路芯片插入 IC 空插座中,按图 4-5-1 接线。d_3、d_2、d_1、d_0接逻辑开关,与门输出接 4 只 LED,4 个触发器的清零端$\overline{R}_d$相连,接复位开关,写入脉冲端 CP 接单次脉冲,读出脉冲接逻辑开关。接好电源即可开始实验。

自行设置 d_3、d_2、d_1、d_0,清零后,按动单次脉冲,观察Q_3、Q_2、Q_1、Q_0的状态,再将读出开关(逻辑开关)置 1,就可观察到 4 只 LED 的亮或灭的状态,并找出输出与输入 d_3、d_2、d_1、d_0的逻辑关系,验证寄存器的功能,并将所得结果记录在自拟表格中。

2)移位寄存器

移位寄存器除了具有存储代码的功能外,还具有移位的功能。移位功能是指寄存器里存储的代码,可以在移位脉冲的作用下依次左移或右移。因此,移位寄存器不仅可以寄存代码,还可以实现数据的串行与并行的转换、数据处理、数值的运算等。

将两个双 D 触发器 74LS74 集成电路芯片插入 IC 空插座中,按图 4-5-2(a)连线,接成数据左移的移位寄存器电路。接好电源即可开始实验。

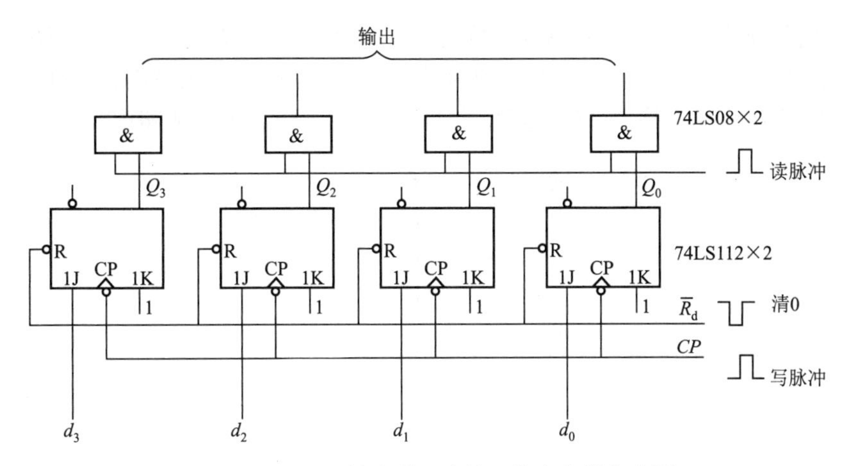

图 4-5-1　用 JK 触发器组成的四位寄存器电路图

预先置数为某种状态，然后输入移位脉冲。再置数，即把Q_3、Q_2、Q_1、Q_0置成相应状态，按动单次脉冲，移位寄存器实现左移功能。

按图 4-5-2(b)连线，按上述方法完成数据右移的移位功能验证。

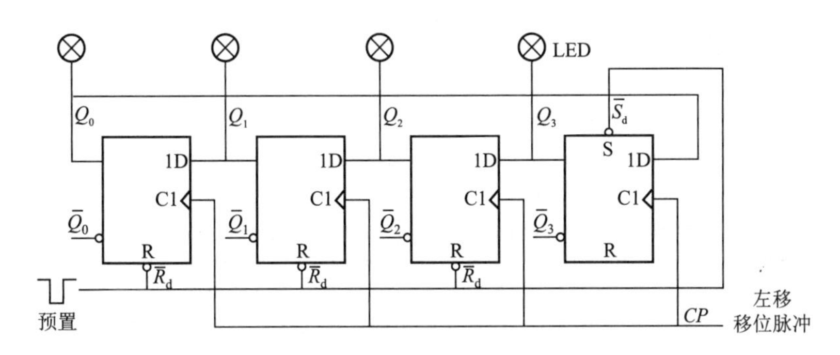

(a) 数据左移

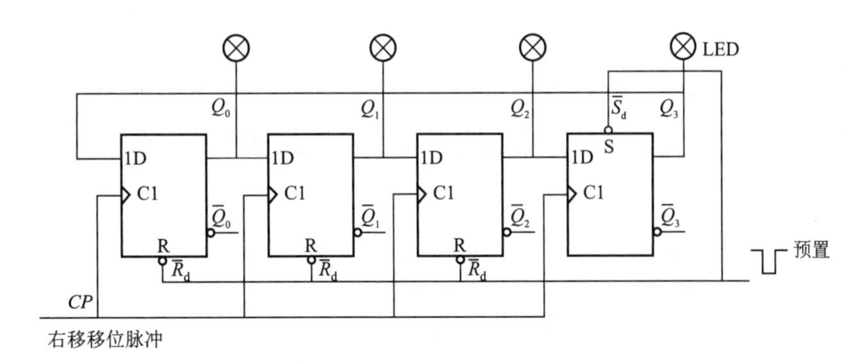

(b) 数据右移

图 4-5-2　用 D 触发器组成的 4 位移位寄存器电路图

3)集成移位寄存器

将双向移位寄存器 74LS194 的集成电路芯片插入 IC 空插座中，按图 4-5-3 接线，16 引脚接 +5 V 电源，8 引脚接地。输出Q_3、Q_2、Q_1、Q_0接 4 只 LED。工作方式控制端M_1、M_0及清零端$\overline{CR}$分别接逻辑

开关 K_1、K_2 和复位开关 K_3，CP 接单次脉冲，数据输入端 D_0、D_1、D_2、D_3 分别接4只逻辑开关。接通电源，按照4位双向移位寄存器74LS194的功能表见表4-5-1，输入相关数据，实现图4-5-4所示的双向移位寄存器74LS194右移、左移状态图，并将所得结果记录在自拟表格中。

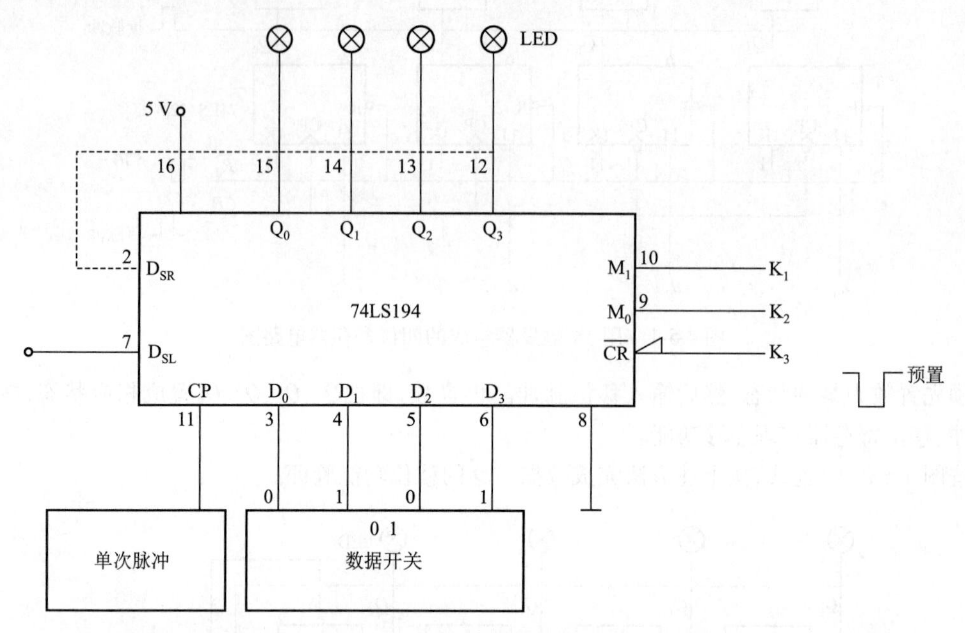

图4-5-3　用双向移位寄存器74LS194组成的电路图

表4-5-1　4位双向移位寄存器74LS194的功能表

CP	$\overline{CR}$	M_1	M_0	功能	$Q_3Q_2Q_1Q_0$ 状态
×	0	×	×	清除	$\overline{CR}$ 为0时，$Q_3Q_2Q_1Q_0=0000$，正常工作时，$\overline{CR}$ 置1
↑	1	1	1	送数	$Q_3Q_2Q_1Q_0=D_3D_2D_1D_0$
↑	1	0	1	右移	$Q_3Q_2Q_1Q_0=D_{SR}Q_3Q_2Q_1$
↑	1	1	0	左移	$Q_3Q_2Q_1Q_0=Q_2Q_1Q_0D_{SL}$
↑	1	0	0	保持	$Q_3Q_2Q_1Q_0=Q_3^nQ_2^nQ_1^nQ_0^n$
↓	1	×	×	保持	$Q_3Q_2Q_1Q_0=Q_3^nQ_2^nQ_1^nQ_0^n$

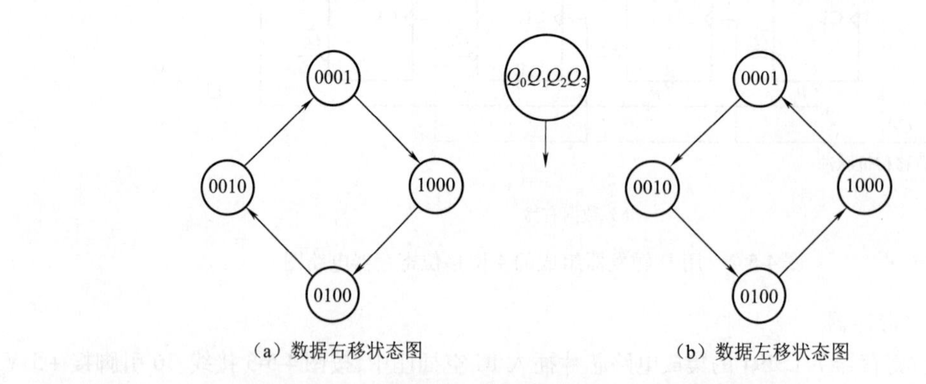

图4-5-4　双向移位寄存器74LS194右移、左移状态图

3. 实验思考

(1)数码寄存器和移位寄存器有什么区别?

(2)画出用2片74LS194接成8位双向移位寄存器的实验接线图。

(3)寄存器工作前为什么一定要清零?

(4)寄存器是如何应用于加法器的?

第六节　计数、译码和显示电路实验

1. 实验目的

(1)熟悉数字电路计数、译码及显示过程。

(2)熟悉中规模集成计数器的结构与工作原理。

(3)掌握利用异步集成计数器电路构成任意进制计数器的方法。

2. 实验指导

1)集成计数器

集成计数器74LS90是二-五-十异步计数器。内部有2个独立的计数器,即模2计数器和模5计数器,分别由2个时钟脉冲输入 CP_1 和 CP_2 控制。其引脚排列图如图4-6-1所示。

通过不同的连接方式,74LS90可以实现4种不同的逻辑功能,而且还可借助 $R_0(1)$、$R_0(2)$ 对计数器清零,借助 $S_9(1)$、$S_9(2)$ 将计数器置9。具体功能如下:

(1)计数脉冲从 CP_1 输入,Q_A 作为输出端,为二进制计数器。

(2)计数脉冲从 CP_2 输入,$Q_DQ_CQ_B$ 作为输出端,为异步五进制加法计数器。

(3)若将 CP_2 和 Q_A 相连,计数脉冲由 CP_1 输入,Q_D、Q_C、Q_B、Q_A 作为输出端,则构成异步8421码十进制加法计数器。

(4)若将 CP_1 与 Q_D 相连,计数脉冲由 CP_2 输入,Q_A、Q_D、Q_C、Q_B 作为输出端,则构成异步5421码十进制加法计数器。

(5)清零、置9功能。

异步清零。当 $R_0(1)$、$R_0(2)$ 均为“1”,$S_9(1)$、$S_9(2)$ 中有“0”时,实现异步清零功能,即 $Q_DQ_CQ_BQ_A = 0000$。

置9功能。当 $S_9(1)$、$S_9(2)$ 均为“1”,$R_0(1)$、$R_0(2)$ 中有“0”时,实现置9功能,即 $Q_DQ_CQ_BQ_A = 1001$。

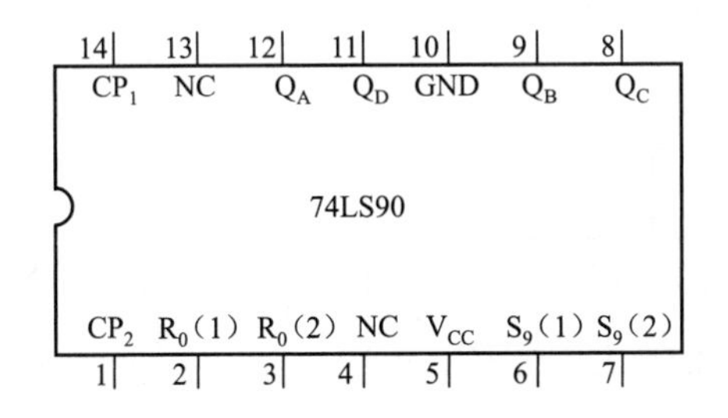

图4-6-1　74LS90引脚排列图

74LS90功能表见表4-6-1。计数与输出关系见表4-6-2。

表 4-6-1　72LS90 功能表

重置/设置 输入				输出			
$R_0(1)$	$R_0(2)$	$S_9(1)$	$S_9(2)$	Q_D	Q_C	Q_B	Q_A
H	H	L	×	L	L	L	L
H	H	×	L	L	L	L	L
×	×	H	H	H	L	L	H
L	×	L	×	计数			
×	L	×	L	计数			
L	×	×	L	计数			
×	L	L	×	计数			

表 4-6-2　74LS90 计数与输出的关系

计数	输出			
	Q_D	Q_C	Q_B	Q_A
0	L	L	L	L
1	H	L	L	L
2	L	H	L	L
3	H	H	L	L
4	L	L	H	L
5	H	L	H	L
6	L	H	H	L
7	H	H	H	L
8	L	L	L	H
9	H	L	L	H

2）计数器

两个译码器组成的 0～99 计数器原理如图 4-6-2 所示。

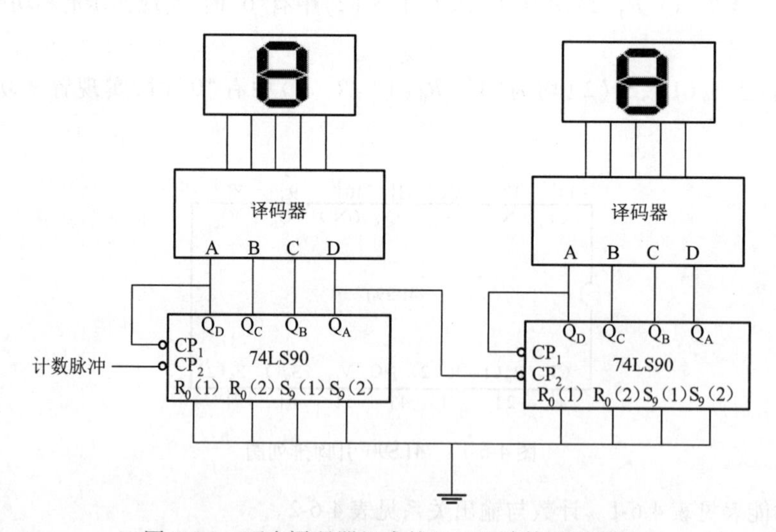

图 4-6-2　两个译码器组成的 0～99 计数器原理图

3）七段译码器74LS48

在数字仪表、计算机和其他数字系统中，要把测量数据和运算结果用十进制数显示出来。计数器将时钟脉冲的个数按4位二进制码输出后，必须通过译码器把这个二进制数码译成适用于用七段数码管显示的代码。74LS48引脚排列图如图4-6-3所示；74LS48功能表见表4-6-3。

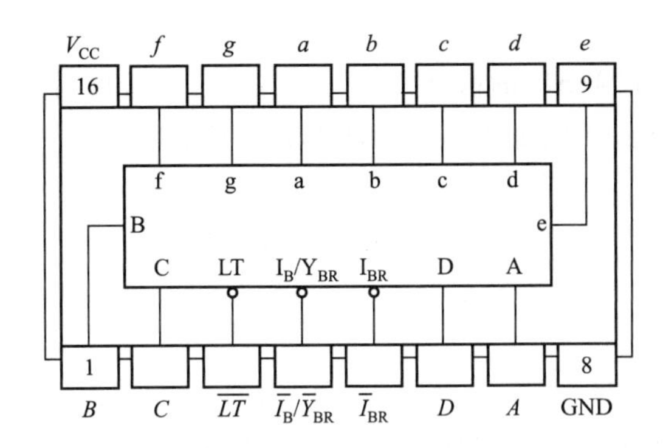

图4-6-3　74LS48引脚排列图

表4-6-3　74LS48功能表

输入					输出							
数字	D	C	B	A	a	b	c	d	e	f	g	字型
0	0	0	0	0	1	1	1	1	1	1	0	
1	2	3	4	5	6	7	1	0	0	0	0	
2	0	0	1	0	1	1	0	1	1	0	1	
3	0	0	1	1	1	1	1	1	0	0	1	
4	0	1	0	0	0	1	1	0	0	1	1	
5	0	1	0	1	1	0	1	1	0	1	1	
6	0	1	1	0	0	0	1	1	1	1	1	
7	0	1	1	1	1	1	1	0	0	0	0	
8	1	1	1	0	1	1	1	1	1	1	1	
9	1	1	1	1	1	1	1	0	0	1	1	

4)LED 七段数码管(共阴极)LC5011

LED 七段数码管有共阴极和共阳极两类。不同的数码管,要求配用与之相应的译码器/驱动器,共阴极数码管配用有效输出为高电平的译码器/驱动器;共阳极数码管配用有效输出为低电平的译码器/驱动器。图 4-6-4 所示为(共阴极)LC5011 图形符号和内部电路,其中 M 为输入端,"·"为定位符号。

若选用 LC5011,只要将 74LS48 的输出端 a、b、c、d、e、f、g 直接接到数码管 LC5011 相应的输入引线上,便可根据 74LS48 输入的十进制数,显示相应的字符。

测试步骤:

(1)检查译码器/驱动器、显示器功能。接通数码显示器 +5 V 电源,把按 4 位二进制数变化的逻辑电平送入译码器的输入端,观察显示器显示的字符与输入逻辑电平的对应关系,并记录在自拟的表格中。

(2)观察计数器功能。将计数器的输出端接译码器的输入端,再观察 LED 数码管所显示的逻辑电平,并记录在自拟的表格中。把 1 kHz 的时钟信号作为时钟脉冲加到 CP 端,用双踪示波器同时观察 CP 脉冲波形和计数器输出端波形。为了记录各个波形相互间的相位关系,示波器除了用双踪显示外,还要有合适的扫描速度,使得屏幕上显示的波形有完整的周期。

拓展实验:用 2 片可预置的同步十进制计数 74LS160,设计一个十二进制数计数器,要求计数顺序是 0,2,···,11 的循环计数。电路设计连接好后,输入单次计数脉冲,并使用译码驱动器 74LS48 及 LED 七段数码管(共阴极)显示器 LC5011,显示计数顺序是否正确。

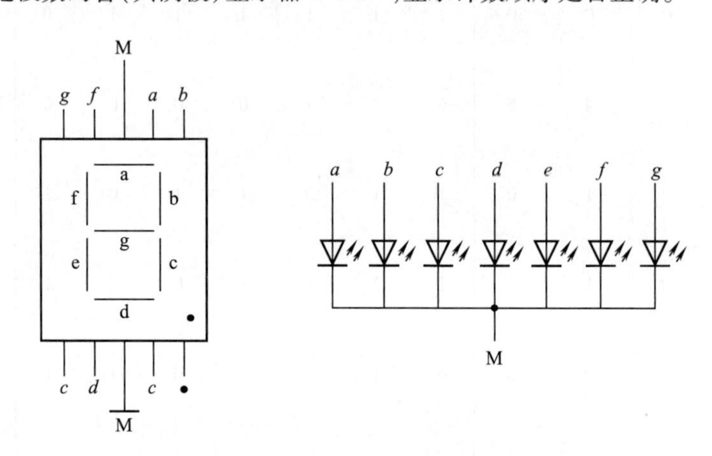

图 4-6-4 (共阴极)LC5011 图形符号和内部电路

3. 实验思考

(1)如果设计一个十进制减法计数器,试问应选用何种电路?其使能端如何设置?

(2)共阴极和共阳极数码管内部结构有什么不同?分别用什么电平驱动?

(3)总结二进制和二-十进制加法计数器的功能。

(4)用计数器级联的方法可以构成多位计数状态。对于串行进位和并行进位两种方法,为什么后者比前者进位速度快得多?

(5)验证译码显示器输入与显示数字关系,并记录。

第七节 集成555定时器及其应用实验

1. 实验目的

(1)了解集成555定时器的电路结构和各个引脚功能。

(2)通过集成555定时器典型应用电路的实验,熟悉其基本功能、主要参数及电路的调试方法。

(3)了解定时元件对输出振荡周期和脉冲宽度的影响,计算电路所需各参数的理论值。

2. 实验指导

1)集成555定时器

集成555定时器是一种模拟-数字混合型的中规模集成电路,按其工艺结构可分为TTL型(NE555)和CMOS型(CC7555)两大类,其结构和工作原理基本相似,引脚和功能也完全相同。

TTL型集成555定时器的电源电压为+5 V,通常具有较大的驱动能力;而CMOS型集成555定时器的电源电压为3~18 V,具有功耗低、输入阻抗高等优点。

集成555定时器电路图如图4-7-1所示。集成555定时器引脚排列图如图4-7-2所示。集成555定时器功能表见表4-7-1。

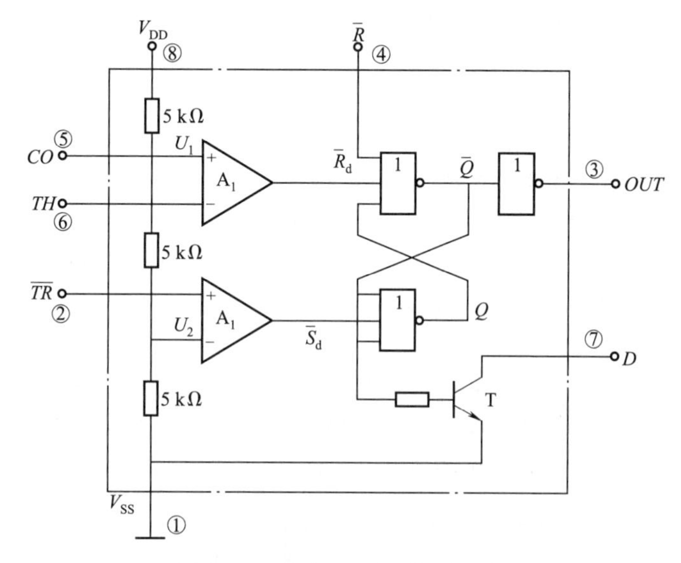

图4-7-1 集成555定时器电路图

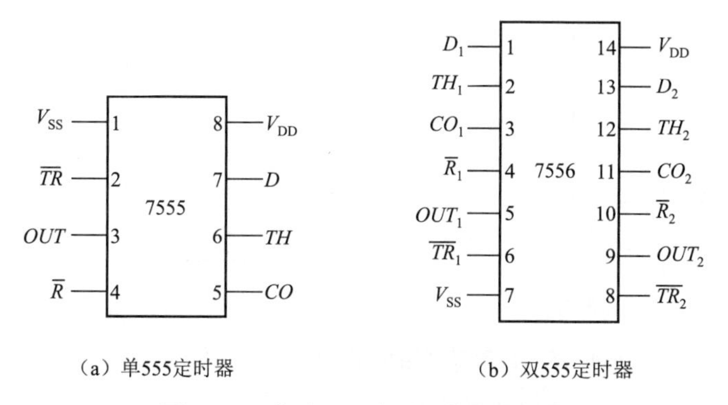

(a) 单555定时器　　(b) 双555定时器

图4-7-2 集成555定时器管脚排列图

在电路接通电源的瞬间，由于电容来不及充电，电容电压 $U_C=0$ V，所以555定时器的输出状态为1，输出 U_O 为高电平。同时，集电极输出端对地断开，电源 V_{CC} 对电容 C 充电，电路进入暂稳态Ⅰ。

表 4-7-1 集成 555 定时器功能表

$\overline{R}$	TH	$\overline{TR}$	Q^{n+1}	T	功能
0	×	×	0	导通	直接复位
1	$>(2/3)V_{DD}$	$>(1/3)V_{DD}$	0	导通	置0
1	$<(2/3)V_{DD}$	$<(1/3)V_{DD}$	1	截止	置1
1	$<(2/3)V_{DD}$	$>(1/3)V_{DD}$	Q^n	不变	保持

当电容电压 U_C 充到 $(2/3)V_{CC}$ 时，输出 U_O 为低电平，同时集电极输出对地短路，电容电压随之通过集电极输出端放电，电路进入暂稳态Ⅱ。

此后，电路周而复始地产生周期性的输出脉冲。

2）集成555定时器的典型应用

集成555定时器成本低，性能可靠，使用方便。利用集成555定时器，只需改变其引脚的连线，外接适当的电阻、电容元件，即可方便地组成单稳态触发器、自激多谐振荡器、施密特触发器、压控振荡器、分频电路等，或产生脉冲，或进行波形变换。它可广泛用于数字及模拟仪表、电子测量、自动控制及家用电器电路中。

集成555定时器最基本的应用（基本工作模式）只有3种：单稳态触发器、自激多谐振荡器和施密特触发器。此处，单稳态触发器不介绍且不做实验。

（1）自激多谐振荡器。和单稳态触发器相比，多谐振荡器没有稳定状态，只有两个暂稳态，而且不需要外来触发脉冲的触发。只要接通供电电源，电路输出就能在1和0状态之间自动交替翻转，使两个暂稳态轮流出现，从而输出一定频率的矩形脉冲信号（自激振荡）。因为矩形波含有丰富的谐波，故称为多谐振荡器。

用555定时器，外接电阻 R_1、R_2，电容 C 构成的自激多谐振荡器实验原理图如图4-7-3（a）所示；2引脚和6引脚并联后，靠闭合回路的延迟负反馈作用自激发而产生多谐振荡。自激多谐振荡器的工作波形如图4-7-3（b）所示，可以观测到由输入的模拟电压波形转换到输出的数字电压波形。

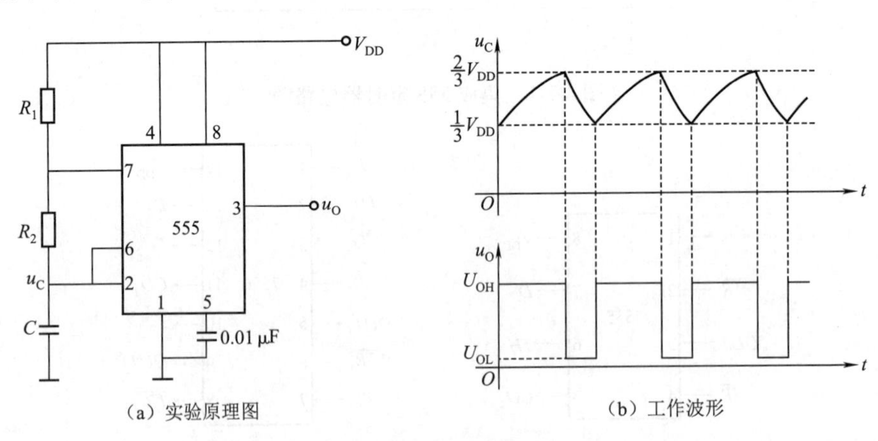

（a）实验原理图　　（b）工作波形

图 4-7-3 自激多谐振荡器实验原理图及工作波形

外接电容 C 通过电阻R_1、R_2充电，再通过R_2放电。在这种工作模式中，电容 C 在$(1/3)V_{DD}$和$(2/3)V_{DD}$之间充电和放电，输出振荡波形。多谐振荡器是一种常用的矩形波发生器，触发器和时序电路中的时钟脉冲一般是由它产生的。

充电时间（输出高电平）：

$$T_1 = (R_1 + R_2)C\ln\frac{V_{DD} - U_{T-}}{V_{DD} - U_{T+}} = (R_1 + R_2)C\ln 2 \tag{4-7-1}$$

式中，U_{T-}为下限阈值电平；U_{T+}为上限阈值电平。

放电时间（输出低电平）：

$$T_2 = R_2C\ln\frac{0 - U_{T+}}{0 - U_{T-}} = R_2C\ln 2 \tag{4-7-2}$$

振荡周期：

$$T = T_1 + T_2 = (R_1 + 2R_2)C\ln 2 \tag{4-7-3}$$

振荡频率：

$$f = \frac{1}{T} = \frac{1}{(R_1 + 2R_2)C\ln 2} \tag{4-7-4}$$

将实验波形及数据填入表 4-7-2 中。

表 4-7-2 实验波形及数据

u_O与u_C波形	u_O波形数据	u_C波形数据
	振荡周期：T =________ 高电平值：U_{OH} =________ 低电平值：U_{OL} =________	充电时间：T_1 =________ 放电时间：T_2 =________ 转换电压：$U_C(T_1)$ =________ 转换电压：$U_C(T_2)$ =________

（2）施密特触发器。施密特触发器是特殊的门电路。它能适应边沿非常迟钝的输入信号；带负载能力较强；具有门限电平温度补偿特性及回差电压温度补偿特性；具有较强的抗干扰能力。施密特触发器常用作波形整形电路，用在 TTL 系统的接口，可将缓慢变化的正弦信号或非理想矩形波，转换成符合 TTL 系统要求的脉冲波形。图 4-7-4 所示为施密特触发器实验原理、工作波形、电压传输特性。

设被变换的电压为正弦波，其正半周通过二极管同时加到 555 定时器的 2 引脚和 6 引脚，u_I为半波整流电压波形。从图 4-7-4(b)所示的波形可见，当u_I上升到$(2/3)V_{DD}$时，u_O从高电平变为低电平；当u_I下降到$(1/3)V_{DD}$时，u_O又从低电平变为高电平。可见，施密特触发器的上限阈值电平U_{T+}（接通电位）为$(2/3)V_{DD}$；下限阈值电平U_{T-}（断开电位）为$(1/3)V_{DD}$；显然，回差电压为$(1/3)V_{DD}$。

（3）测试步骤：

①自激多谐振荡器。按图 4-7-3(a)接线，用双踪示波器观察并记录u_C、u_O的波形，标出幅值和振荡周期。

②施密特触发器。按图 4-7-4(a)接线。输入信号由信号源提供，并预先调节好u_I的频率为 1 kHz，V_{DD}接 +5 V 电源。用示波器观察和监视u_I的波形变化，逐渐加大u_I幅度直到其峰峰值为

5 V左右。用双踪示波器观察并记录u_I、u_O工作波形，标示出u_I的幅度、上限阈值电平U_{T+}、下限阈值电平U_{T-}、回差电压。

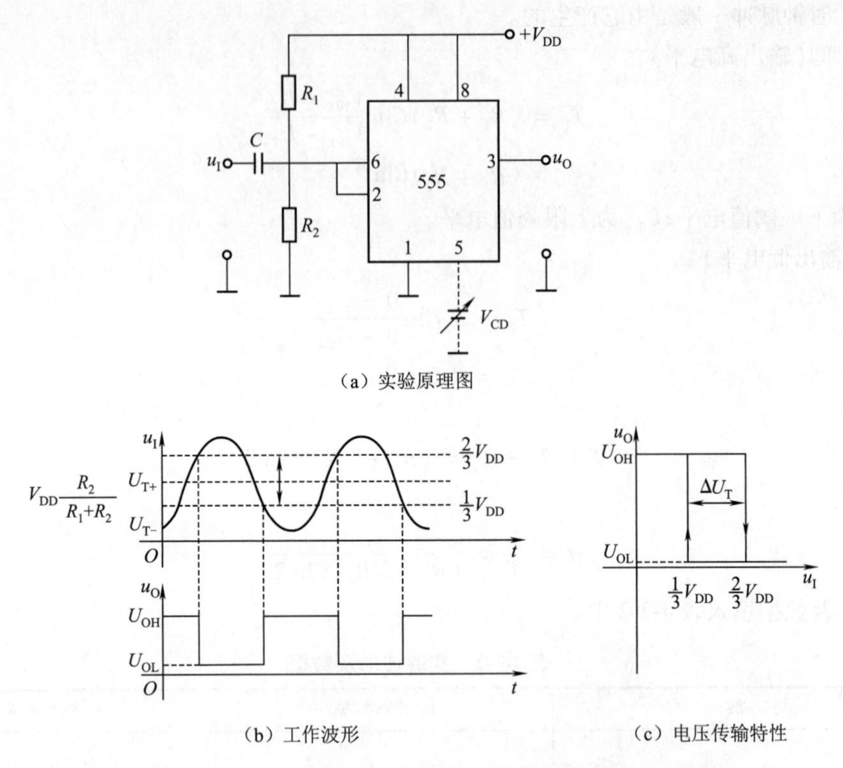

图 4-7-4　施密特触发器实验原理图、工作波形及电压传输特性

用双踪示波器观察施密特触发器的电压传输特性。

3. 实验思考

(1)集成555定时器5引脚的作用是什么？不用时为什么要对地加一个0.01 μF的电容？

(2)集成555定时器4引脚的作用是什么？工作情况下，4引脚应接何种电平？

(3)在施密特触发器实验中，为使输出电压u_O为方波，输入电压u_I的峰峰值至少为多少？

(4)定量画出实验所要求记录的各点电压波形；讨论定时元件对电压输出波形的影响。

(5)集成555定时器在高低电平转换瞬间，电流最大可达350 mA以上，易引起电源干扰。实验电路中，应对电源加高频去耦电容是唯一方法吗？

第五章

模拟电子技术实验

第一节　晶体管单管放大电路实验

1. 实验目的

(1)掌握放大电路静态工作点的调试方法,分析静态工作点对放大电路性能的影响。

(2)掌握测试放大电路动态参数的方法。

2. 实验指导

1)静态工作点的设置与测试

放大电路的静态工作点是指输入交流信号为零时的工作状态,包括基极电流 I_B、集电极电流 I_C、集电极-发射极电压 U_{CE}。静态工作点 Q 主要由电路中的 R_{B1}、R_{B2}、R_E、R_C及直流电源 V_{CC}等决定,R_{B2}、R_C及 V_{CC}对静态工作点的影响如图 5-1-1 所示。

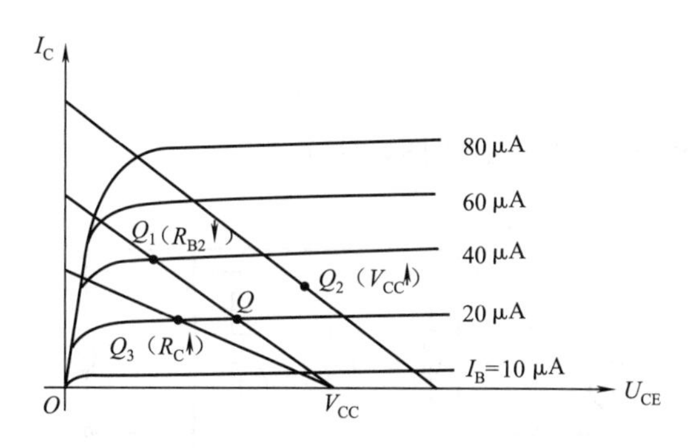

图 5-1-1　电路参数对静态工作点 Q 的影响

静态工作点 Q 可近似由下列关系式计算确定:

$$U_B \approx \frac{R_{B1}}{R_{B1}+R_{B2}}V_{CC} \tag{5-1-1}$$

$$I_{C} \approx I_{E} = \frac{U_{B} - U_{BE}}{R_{E}} \tag{5-1-2}$$

$$U_{CE} = V_{CC} - I_{C}(R_{E} + R_{C}) \tag{5-1-3}$$

静态工作点 Q 应设置在交流负载线的中点附近，此时放大电路动态范围较大。若工作点设置得太高，易引起饱和失真；而设置得太低，又易引起截止失真。

测量放大电路静态工作点的方法是在输入端不加输入信号时，用万用表测量晶体管的 B、E、C 极对地的电压 U_{B}、U_{E}、U_{C}，再用公式 $U_{CE} = U_{C} - U_{E}$ 计算出 U_{CE}，而集电极电流 I_{C} 一般采用间接测量的办法求得，即先测出 U_{E}，再用公式 $I_{C} \approx I_{E} = U_{E}/R_{E}$ 计算出 I_{C}。

测量静态工作点时，如果 $U_{C} \approx V_{CC}$，则晶体管工作在截止状态；如果 $U_{CE} < 0.5$ V，则晶体管已经饱和；如果 $U_{CE} > 0.5$ V，则晶体管工作在放大状态，但并不能说明放大电路的静态工作点设置得合适，还要进行动态波形观测与设置。给放大电路输入合适的正弦波信号，同时用示波器观测输入、输出信号波形。若输出信号波形的顶部被压缩，如图 5-1-2(b) 所示，这种现象称为截止失真，说明静态工作点 Q 偏低，应增大基极偏流 I_{B}。如果输出波形的底部被削波，如图 5-1-2(a) 所示，这种现象称为饱和失真，说明静态工作点 Q 偏高，应减小 I_{B}。调整方法是改变放大器上偏置电阻 R_{B2} 的大小，即调节电位器的阻值，同时用万用表测量晶体管基极电压变化情况。

调整静态工作点的同时，应逐渐增加输入电压，如果输出波形的顶部和底部差不多同时开始畸变，说明此时静态工作点的设置比较合适。

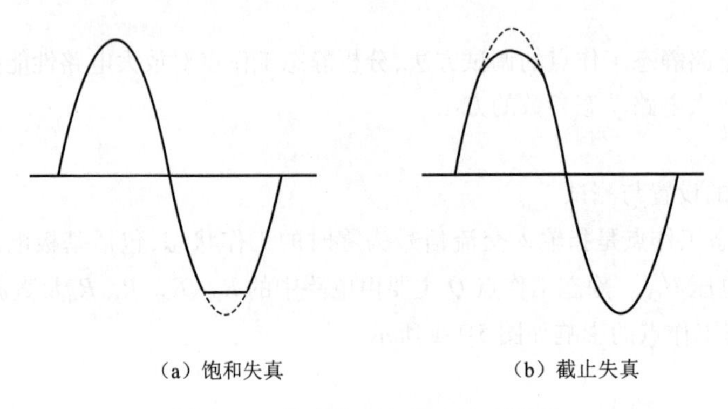

(a) 饱和失真　　(b) 截止失真

图 5-1-2　饱和失真与截止失真波形

2) 动态参数(A_{u}、R_{i}、R_{o})的测试方法(见图 5-1-3)

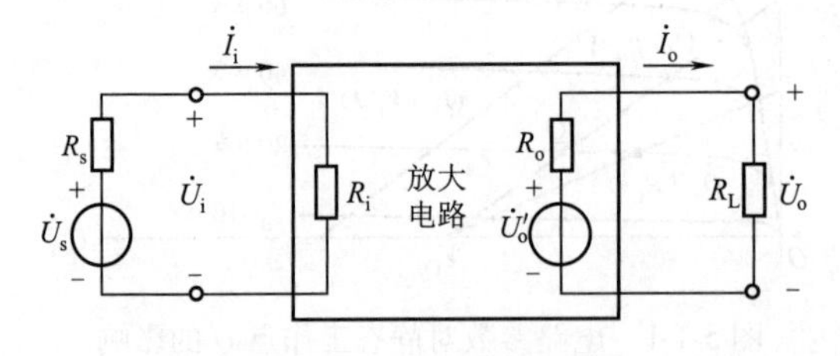

图 5-1-3　放大电路示意图

(1) 电压放大倍数 A_{u}。电压放大倍数 A_{u} 是指放大器输出电压与输入电压之比，即

$$A_{u} = -\frac{U_{o}}{U_{i}} \tag{5-1-4}$$

实验中，测量电压放大倍数A_u需用示波器监视放大电路输出电压的波形，在输出波形不失真的条件下，分别测出 U_i（有效值）或 U_{ipp}（峰峰值）与 U_o（有效值）或 U_{opp}（峰峰值），则

$$A_u = -\frac{U_o}{U_i} = -\frac{U_{ipp}}{U_{opp}} \tag{5-1-5}$$

（2）输入电阻 R_i。输入电阻 R_i是从放大电路输入端看进去的等效电阻，R_i的大小表示放大电路从信号源或前级放大电路获取电流的多少。输入电阻越大，表明放大电路从信号源索取的电流越小，放大电路所得到的输入电源电压 U_i越接近信号源电压 U_s。

若 $R_i \gg R_s$（信号源内阻），放大器从信号源获取较大电压；若 $R_i \ll R_s$，放大器从信号源获取较大电流；若 $R_i = R_s$，放大器从信号源获取最大功率。

理论上，输入电阻 R_i可以表示为

$$R_i = r_{be}//R_{B1}//R_{B2} \approx r_{be} \tag{5-1-6}$$

实验中，常采用“串联电阻法”测量放大器的输入电阻 R_i，测试电路如图 5-1-3 所示。

“串联电阻法”测量放大器的输入电阻 R_i，即在信号源输出端与放大器输入端之间串联一个已知电阻 R_s，在放大器输出波形不失真情况下，用示波器分别测量出 U_s与 U_i的值，则

$$R_i = \frac{U_i}{U_s - U_i}R_s \tag{5-1-7}$$

式中，U_s为信号源的输出电压值。电阻 R_s取值过大易引入干扰，取值太小易引起较大测量误差，R_s与 R_i的阻值最好为同一数量级。

（3）输出电阻 R_o。输出电阻 R_o是从放大电路输出端看进去的等效内阻，R_o大小表示电路带负载的能力大小。输出电阻越小，负载电阻 R_L变化时 U_o的变化越小，带负载能力越强。当 $R_o \ll R_L$时，放大器可等效成一个恒压源。

理论上，输出电阻 R_o可以表示为

$$R_o = r_o//R_C \approx R_C \tag{5-1-8}$$

式中，r_o为晶体管的输出电阻。

实验中，测量输出电阻 R_o常采用如图 5-1-3 所示的测试电路。由图 5-1-3 可知：

$$U_o = \frac{U'_o}{R_o + R_L}R_L \tag{5-1-9}$$

式中，U'_o为负载开路时的输出电压；U_o为接入负载电阻 R_L时其上的电压。

实验中，测量输出电阻 R_o时需用示波器监测输出波形，在输出波形不失真的情况下，分别测量放大器的负载开路输出电压 U'_o和接入负载电阻时 R_L时的电压 U_o，即可求出输出电阻 R_o。为了使输出电阻 R_o的测量值尽可能准确，R_L与 R_o的阻值最好取同一数量级。

3）测量静态工作点

图 5-1-4 所示为稳定静态工作点的放大电路的参考电路，按参考电路连线。令$R_L = \infty$（负载断开），在放大电路输入端输入频率为 1 kHz、$U_i = 10$ mV（有效值）左右的正弦电压信号，用示波器观察输出电压的信号波形。根据观察到的输出波形，调节上偏置电阻R_W的大小，使得输出波形的上下半波对称。然后，缓慢增加信号源电压信号U_s的幅度，使输入信号U_i幅值增加，再次观察输出波形的变化情况，同时调节上偏置电阻R_W，使输出电压U_o的上下半波同时失真。此时，适当减少输入电压U_i，使输出电压U_o不失真。

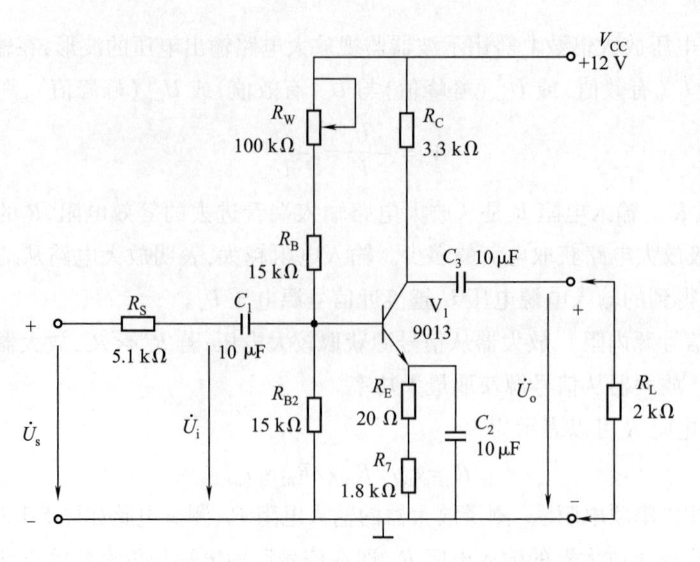

图 5-1-4　稳定静态工作点的放大电路的参考电路

在输入信号$U_i=0$时，用万用表直流电压挡测量静态工作点，就是最佳静态工作点。把相应的数据记录在表 5-1-1 中。

表 5-1-1　静态工作点的测量

测量值			计算值		
U_C/V	U_B/V	U_E/V	I_C/mA	I_B/μA	U_{CE}/V

4）测量电压放大倍数

在静态工作点调整到放大区时，令$R_L=\infty$（负载断开）、$R_L=2\ \text{k}\Omega$时，分别测量输入电压U_i与输出电压U_o的有效值，同时观察并描绘输入与输出电压的波形，并计算电压放大倍数，把相应的记录在表 5-1-2 中。

表 5-1-2　电压放大倍数的测量

R_L/kΩ	U_i（有效值）/V	U_o（有效值）/V	计算A_u	观察并记录一组u_i和u_o波形
∞				
2				

5）测量最大不失真输出电压

断开负载，加大放大电路的输入信号U_i，使输出波形出现失真。再稍许减小输入信号幅度，使输出波形无明显失真。测量此时的U_{imax}和U_{omax}值，并计算电压放大倍数，记录在表 5-1-3 中。

表 5-1-3　最大不失真输出电压的测量

U_{imax}/mV	U_{omax}/V	计算A_u

6）测量输入电阻和输出电阻

如图 5-1-5（a）所示测量输入电阻。在放大电路与信号源之间串入已知电阻R_s，在输出电压波形不失真条件下，通过测量电源的输出电压U_s（有效值）和放大电路的输入电压U_i（有效值），计算得到输入电阻，即

$$R_i = \frac{U_i}{U_s - U_i} R_s \tag{5-1-10}$$

如图 5-1-5（b）所示测量输出电阻。在输出电压波形不失真的条件下，通过测量放大电路在负载开路时的输出电压$U_{o\infty}$（有效值）和接负载时的输出电压U_{oL}（有效值），计算得到输出电阻，即

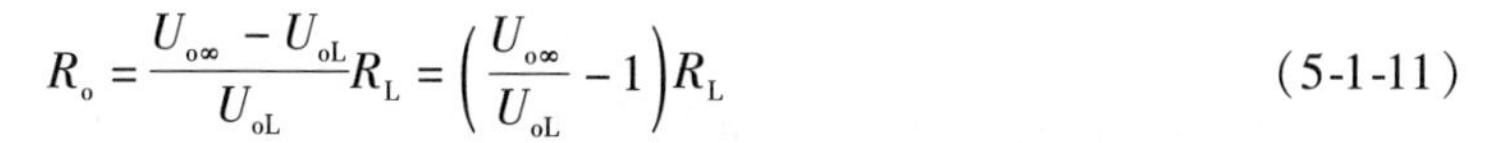

$$R_o = \frac{U_{o\infty} - U_{oL}}{U_{oL}} R_L = \left(\frac{U_{o\infty}}{U_{oL}} - 1 \right) R_L \tag{5-1-11}$$

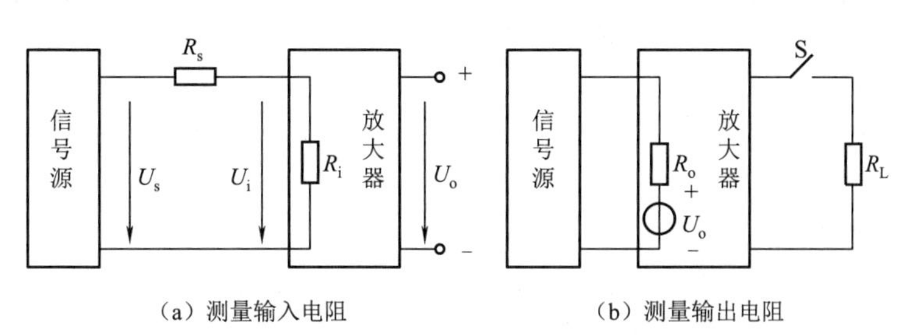

（a）测量输入电阻　　（b）测量输出电阻

图 5-1-5　输入电阻和输出电阻的测量原理图

将测得的数据，记录在表 5-1-4 中。

表 5-1-4　输入电阻R_i、输出电阻R_o的测量

测输入电阻(R_s=5.1 kΩ)			测输出电阻		
测量值		计算值	测量值		计算值
U_s/mV	U_i/mV	R_i/kΩ	$U_{o\infty}$/V	U_{oL}/V	R_o/kΩ

7）注意事项

（1）为了测量晶体管的 3 个电流I_B、I_C和I_E，一般先测量晶体管射极电阻上的电压U_E后，再计算得到，即

$$I_C = I_E = \frac{U_E}{R_E} \tag{5-1-12}$$

$$I_B = \frac{I_C}{\beta} \tag{5-1-13}$$

（2）测量输入电阻和输出电阻时，为了使电压波形不失真，R_s的取值应接近R_i，电源输出电压的值U_s不能取得太大。

（3）测量晶体管的输入管压降U_{BE}、晶体管的输出管压降U_{CE}时，为防止引入干扰，应先测量晶体管的 B、C、E 极对地电位后，再计算得到U_{BE}、U_{CE}的大小。

3. 实验思考

（1）将实验测量值与理论估算值相比较，分析误差原因。总结正确调节静态工作点的方法。试问静态工作点对放大电路性能有何影响？

（2）负载电阻的变化对静态工作点有无影响？对电压放大倍数有无影响？

第二节 晶体管两级阻容耦合放大电路实验

1. 实验目的

(1)掌握晶体管两级阻容耦合放大电路电压放大倍数和频率特性的测量方法。

(2)学习静态工作点的调整和测量方法,了解静态工作点对放大电路动态范围的影响。

2. 实验指导

由于电容对直流量的电抗为无穷大,因而阻容耦合放大电路各级之间的直流通路各不相通,各级的静态工作点相互独立。在求解或实际调试静态工作点 Q 时,可按单级放大电路处理,使得电路的分析设计和调试简单易行。

两级阻容耦合放大电路的低频特性差,不能放大变化缓慢的信号。查阅电路中各个晶体管的电流放大倍数 β 值,记录备用。

1)调整和测量静态工作点

图 5-2-1 所示为晶体管两级阻容耦合放大电路的参考电路,按参考电路连线。电路输入端接入 20 mV 左右(有效值)的交流正弦电压信号,用示波器观察输出电压的波形,分别调节两个晶体管的基极上偏置电阻 R_{P1} 和 R_{P2},使输出电压的波形为一个完整的正弦波电压。缓慢增加输入电压信号,使得输出电压的波形上、下半波同时失真。适当改小电路的输入电压信号,使输出电压波形最大不失真。此时,将测量得到的两管的静态参数记录在表 5-2-1 中。

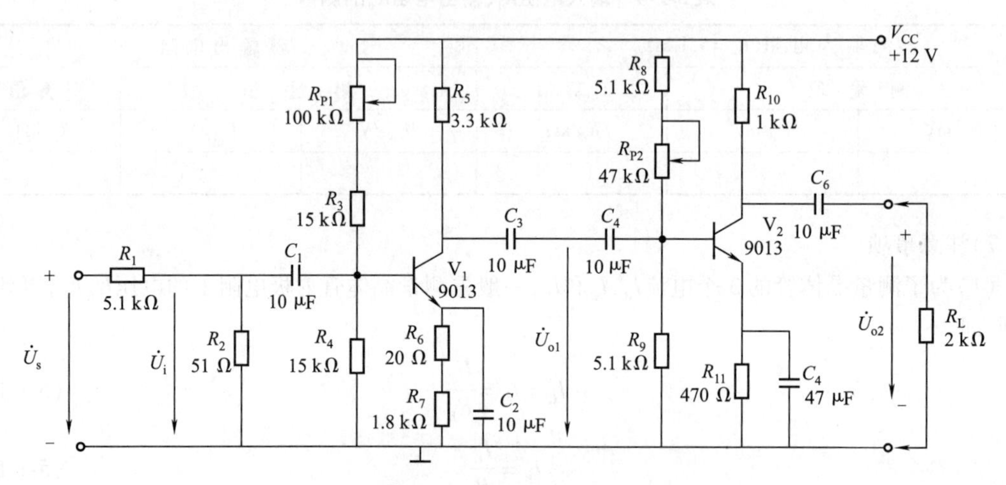

图 5-2-1 晶体管两级阻容耦合放大电路的参考电路

表 5-2-1 两管的静态参数

项目	U_{B1}/V	U_{E1}/V	U_{C1}/V	U_{B2}/V	U_{E2}/V	U_{C2}/V
测量值						
计算值						

2)测量电压放大倍数

在放大电路输入端输入频率 $f=1$ kHz 的中频正弦波信号,接入负载 $R_L=2$ kΩ,并用示波器监视,使输出电压波形达到最大不失真。测量两级放大电路的电压值,计算相应的电压放大倍数,记录在表 5-2-2 中。

表 5-2-2　两级放大电路电压放大倍数的测量

项目	U_i/mV	U_{o1}/V	U_{o2}/V	A_{u1}	A_{u2}	A_u
测量值						
计算值						

3)测量电路的幅频特性

在输出电压 U_{o2} 不失真时,改变输入电压信号的频率,用交流毫伏表监视输出电压的大小变化。

如果逐步降低输入电压信号的频率且保持其幅度不变,当测得输出电压的幅度降到中频段输出电压的 0.707 倍时,所对应的输入信号频率为下限截止频率。

如果逐步升高输入电压信号的频率且保持其幅度不变,当测得输出电压的幅度再次降到中频段输出电压的 0.707 倍时,所对应的输入信号频率为上限截止频率。将测量值记录在表 5-2-3 中。

表 5-2-3　幅频特性的测量(f_L =________,　f_H =________)

f/Hz						1kHz					
U_{o2}/V											
A_u											

4)注意事项

(1)为了减小因仪表量程不同而带来的附加误差,必须使交流毫伏表能在同一量程下工作,再测信号源电压及放大电路末级输出电压。所以,实验时可在电路输入端加精密电阻组成的分压器。

(2)在第二级放大电路的输入端可并联电容,使电路的下限截止频率下降,便于实验室仪器测量。

(3)当改变信号源频率时,其输出电压的大小略有变化,在测量放大电路幅频特性时应予以注意。

3. 实验思考

(1)用双对数坐标纸绘制放大电路的幅频特性曲线,并从曲线上求出电路的上限截止频率和下限截止频率,与理论估算值比较,评判其差值形成的原因。

(2)当改变信号源频率时,其输出电压的大小略有变化,分析其原因。

第三节　晶体管两级负反馈放大电路实验

1. 实验目的

(1)验证串联电压负反馈对放大电路的电压放大倍数、频率特性、输入电阻和输出电阻的影响。

(2)自行设计由各种类型负反馈组成的单级或多级放大电路,并用实验验证。

2. 实验指导

1)测量静态工作点(电源电压 V_{CC} = +12 V)

(1)无反馈两级放大电路交流和直流参数的测量。如图 5-3-1 所示为两级负反馈放大电路的参考电路,G 点与 F 点断开时,无负反馈信号,为两级阻容耦合放大电路,按要求接线,将放大电路调节到最佳静态工作点,把测量得到的静态工作点的数值记录在表 5-3-1 中。

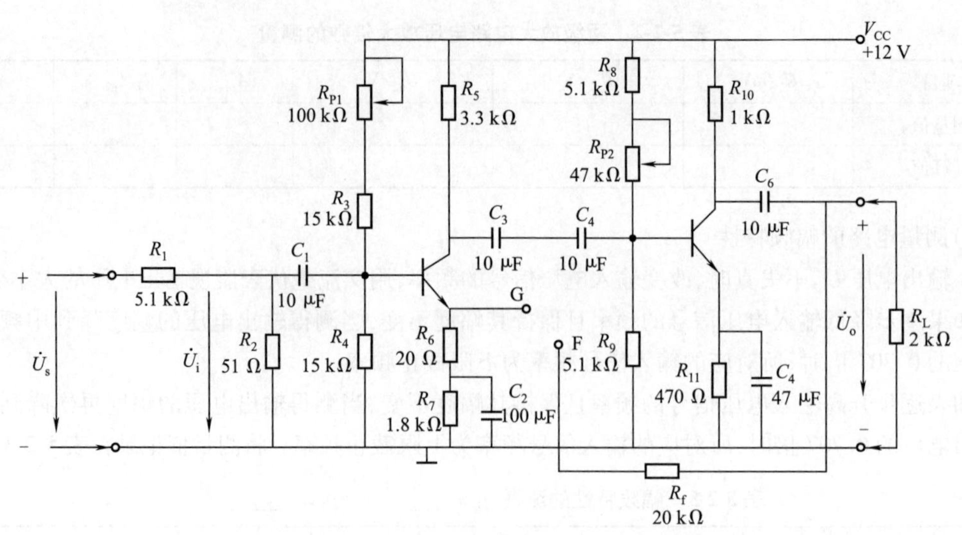

图 5-3-1　两级负反馈放大电路的参考电路

(2)有反馈两级放大电路交流和直流参数的测量。图 5-3-1 所示电路把 G 点与 F 点连接时,有负反馈信号,为负反馈放大电路,按要求接线。在放大电路中接入级间负反馈,将放大电路调节到最佳静态工作点,然后测量各个参数。将数据记录在表 5-3-1 中。

表 5-3-1　静态工作点的测量

项目	β	U_{B1}/V	U_{C1}/V	U_{E1}/V	U_{B2}/V	U_{C2}/V	U_{E2}/V
无反馈							
有反馈							

2)输入电阻和输出电阻的测量

参照图 5-3-1 所示电路,分别在有反馈信号和无反馈信号两种状态下测量放大电路的输入电阻和输出电阻,将数据记录在表 5-3-2 中,对比两种情况下的输入电阻和输出电阻的计算数值,得出相应的结论。

表 5-3-2　输入电阻和输出电阻的测量

项目	测量值		计算值	测量值		计算值
	$U_{o\infty}$/V	U_{oL}/V	R_o/kΩ	U_s/V	U_i/V	R_i/kΩ
无反馈						
有反馈						

3)电压放大倍数和频率特性的测量

参照图 5-3-1 所示电路,分别在有反馈信号和无反馈信号两种状态下测量放大电路的下限截止频率 f_L 和上限截止频率 f_H,将数据记录在表 5-3-3 中,对比两种情况下的电路中的相关参数,得出相应的结论。

表 5-3-3　两级放大电路的电压放大倍数和频率特性的测量

项目	U_i/V	U_{o1}/V	U_{o2}/V	A_{u1}	A_{u2}	A_u	f_L/Hz	f_H/kHz
无反馈								
有反馈								

4)注意事项

做本实验前,先预做第二节晶体管两级阻合耦合放大电路的实验内容。

3. 实验思考

(1)在双对数坐标纸上分别绘制不接入或者接入级间负反馈时的电路幅频特性曲线。

(2)由实验结果说明负反馈对放大电路性能有哪些主要的影响?

(3)射极跟随器本身的电压放大倍数约为1,加入电路后为何能够提高总电路的电压放大倍数?

(4)若测量有射极跟随器、有级间反馈的放大电路各项指标,应如何进行操作?

第四节　集成运放应用于模拟运算电路实验

1. 实验目的

(1)测试由集成运放组成的同相比例运算电路的电压传输特性。

(2)学会用集成运放电路构成反相比例(加法)运算电路、差分比例运算电路、积分运算电路。

(3)自行设计用集成运放电路组成各种模拟运算电路。

2. 实验指导

测试集成运算电路的电压传输特性。

1)同相比例运算电路

按图5-4-1(a)所示电路接线。

(1)交流法:先将1 kHz的正弦交流信号接到电路输入端,电压幅度由零逐渐增加,用示波器观察输出电压的波形,同时,用交流毫伏表记录输入与输出电压的大小。当把输入电压幅度从零逐渐加大时,观察电压传输特性,并绘制在表5-4-1中。

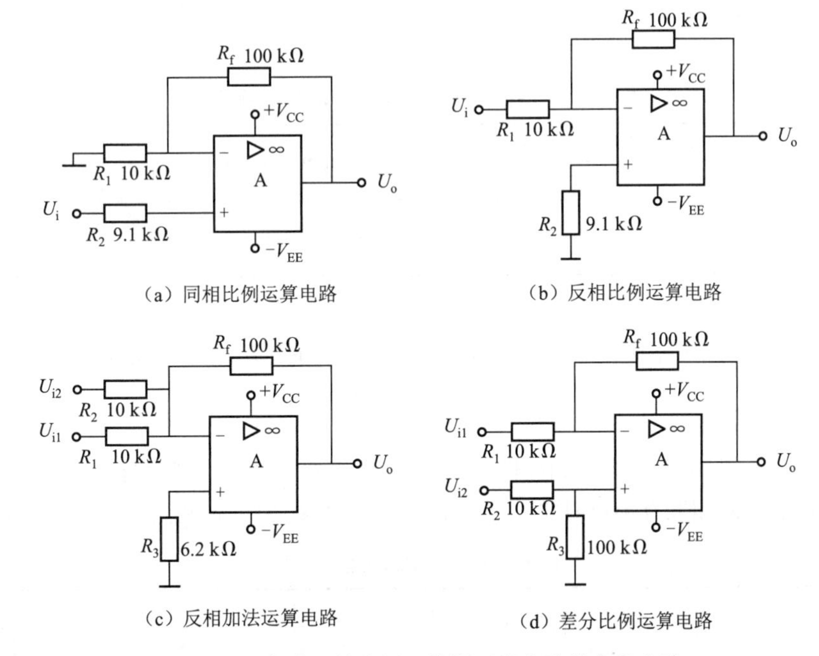

图5-4-1　集成运放应用于模拟运算电路的参考电路

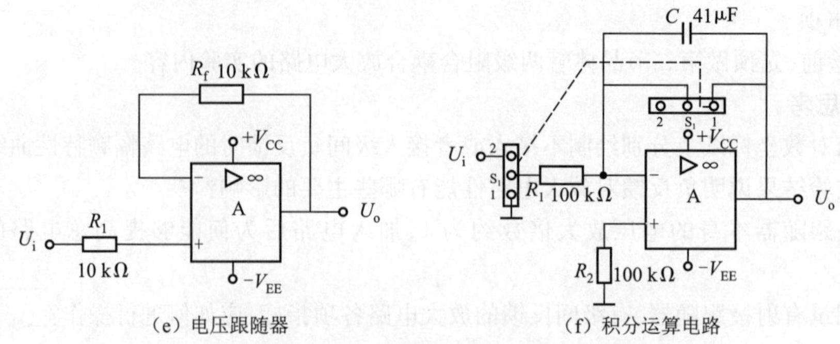

（e）电压跟随器　　　（f）积分运算电路

图 5-4-1　集成运放应用于模拟运算电路的参考电路(续)

表 5-4-1　同相比例运算电路的电压传输特性

项目	输入信号U_i/V		输出电压U_o/V		电压放大倍数A_u	电压传输特性曲线	
	有效值	波形	有效值	波形		交流法	直流法
交流法							
直流法							

(2)直流法:用适当信号U_i作电路输入电压,适当改变其值并测得相对应的输出电压 U_o,计算电压放大倍数。把数据记录在表 5-4-1 中。注意:要求测得的输出电压值有大有小,相位也有变化。

2)反相比例运算电路

按图 5-4-1(b)所示电路接线。

(1)交流法:先将 1 kHz 的正弦交流信号接到电路输入端,电压幅度由零逐渐增加,用示波器观察输出电压的波形,同时,用交流毫伏表记录输入与输出电压的大小。当把输入电压幅度从零逐渐加大时,观察电压传输特性,并绘制在表 5-4-2 中。

(2)直流法:用适当信号U_i作电路输入电压,适当改变其值并测得相对应的输出电压U_o,计算电压放大倍数。把数据记录在表 5-4-2 中。注意:要求测得的输出电压值有大有小,相位也有变化。

表 5-4-2　反相比例运算电路的电压传输特性

项目	输入信号U_i/V		输出电压U_o/V		电压放大倍数A_u	电压传输特性曲线	
	有效值	波形	有效值	波形		交流法	直流法
交流法							
直流法							

3)反相加法运算电路

按图 5-4-1(c)所示电路接线。当输入端同时加入信号电压U_{i1}、U_{i2}时,则

$$U_o = -\left(\frac{R_f}{R_1}U_{i1} + \frac{R_f}{R_2}U_{i2}\right) \tag{5-4-1}$$

适当调节输入信号电压的大小和极性,测得相对应的输出电压,把数据记录在表 5-4-3 中。注意:两个输入电压之间相互有影响时要反复调节,信号大小要适中,避免进入饱和区。

表 5-4-3　反相加法运算电路

U_{i1}/V							
U_{i2}/V							
U_o/V							

4）差分比例运算电路

按图5-4-1（d）所示的电路接线。当输入端同时加入信号电压U_{i1}、U_{i2}时，因为电路参数对称，$R_1=R_2$，$R_f=R_3$，则

$$U_o=\frac{R_f}{R_1}(U_{i2}-U_{i1}) \tag{5-4-2}$$

测量要求与反相加法运算相同，把数据记录在表5-4-4中。

表5-4-4　差分比例运算电路

U_{i1}/V									
U_{i2}/V									
U_o/V									

5）电压跟随器

按图5-4-1（e）所示电路接线。

（1）交流法：先将1 kHz的正弦交流信号接到电路输入端，电压幅度由零逐渐增加，用示波器观察输出电压的波形，同时，用交流毫伏表记录输入与输出电压的大小。当把输入电压幅度从零逐渐加大时，观察电压传输特性，并绘制在表5-4-5中。

（2）直流法：用适当信号U_i作电路输入电压，适当改变其值并测得相对应的输出电压U_o，计算电压放大倍数。把数据记录在表5-4-5中。注意：要求测得的输出电压值有大有小，相位也有变化。

表5-4-5　电压跟随电路的电压传输特性

项目	输入信号U_i/V		输出电压U_o/V		电压放大倍数A_u	电压传输特性曲线	
	有效值	波形	有效值	波形		交流法	直流法
交流法							
直流法							

6）积分运算电路

按图5-4-1（f）所示电路接线，输入预先调好的−0.5 V电压，切换开关S_1合向接地端“1”，此时集成运放输入为零，同时令电容短路，为保证电容上无电荷积累，$U_o=0$。切换开关S_1合向输入端“2”同时断开电容上的短接线，并开始计时。每隔5 s读取一次输出电压值，直到输出电压无明显增大为止。把数据记录在表5-4-6中。

表5-4-6　积分运算电路

T/s	0	5	10	15	20	…	…	…	…	…	…	…	…	…
U_o/V														

7）注意事项

（1）输入电压的大小要适当，避免进入晶体管的饱和区。

（2）LM324芯片的各个引脚的功能使用。

3. 实验思考

（1）比较交流法和直流法测电压传输特性的异同。

(2)根据测得的同相比例运放电压传输特性,画出反相比例电压传输特性。

(3)为什么集成运放在应用中必须用外接负反馈网络构成闭环,才能实现各种模拟运算?

第五节 集成运放应用于波形发生电路实验

1. 实验目的

(1)掌握用集成运放电路组成的3种波形发生电路。

(2)熟悉RC桥式正弦波振荡电路、方波信号发生电路和三角波信号发生电路。

2. 实验指导

图5-5-1所示为集成运放电路组成的波形发生电路。

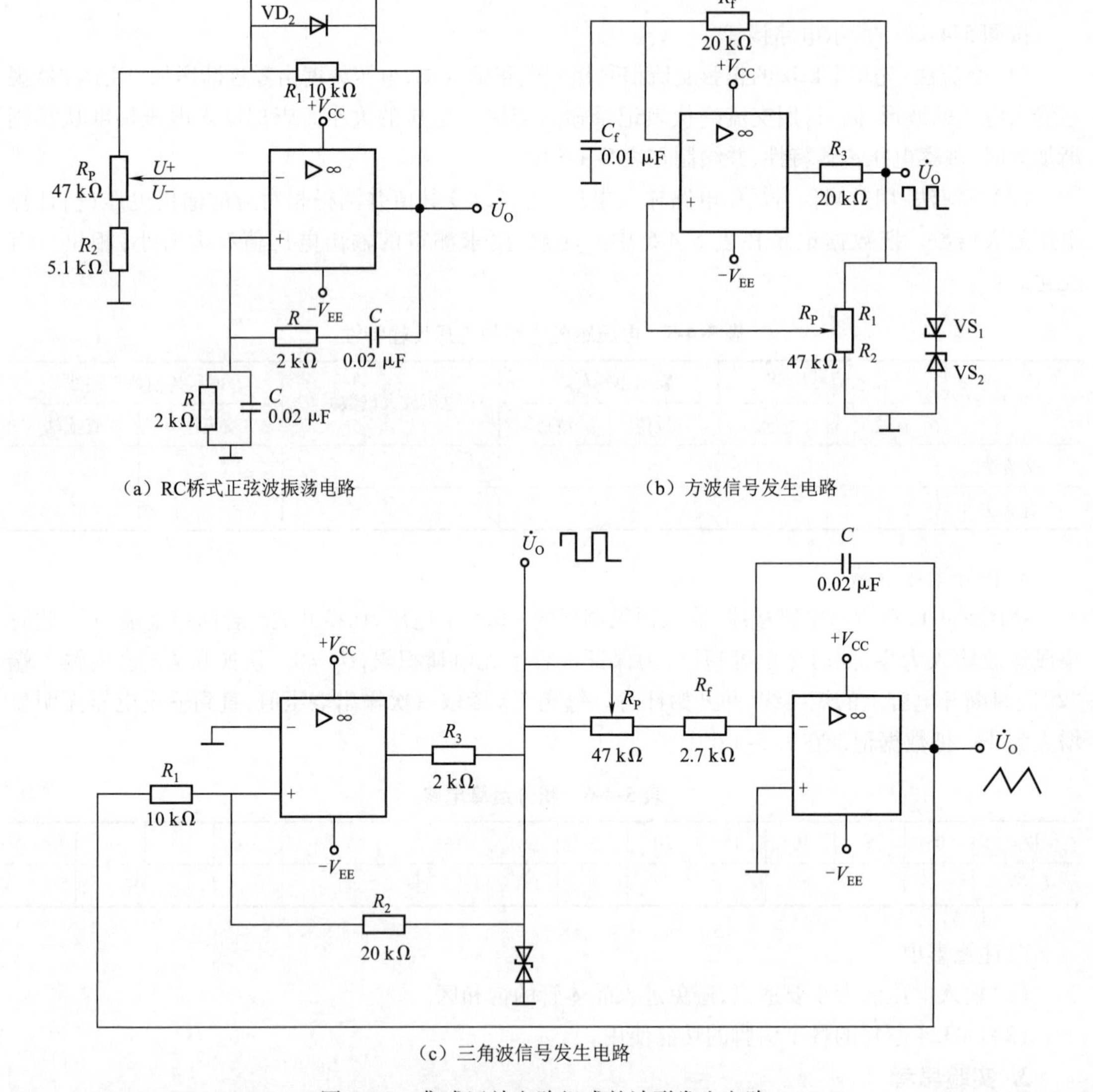

图5-5-1 集成运放电路组成的波形发生电路

（1）RC 桥式正弦波振荡电路（振荡频率可调）：

图 5-5-1（a）所示为 RC 桥式正弦波振荡电路，其振荡频率为

$$f_0 = \frac{1}{2\pi RC} \tag{5-5-1}$$

为了建立振荡，要求电路满足自激振荡条件。调节电位器R_P可改变电压放大倍数A_f的大小，即改变输出电压U_O幅值的大小。负反馈电路中接入与电阻R_1并联的二极管 VD_1、VD_2，可以实现振荡幅度的自动稳定。

按图 5-5-1（a）接线。先改变反馈电路上电位器R_P值，使电路输出正弦电压，观察并描绘波形。再用示波器监视输出电压为最大不失真，读取输出电压的幅值和频率，测量反馈电压U_+和U_-，把数据记录在表 5-5-1 中。

表 5-5-1　电压为最大不失真输出时的测量

U_O/V	f/Hz	U_+/V	U_-/V	记录U_O波形

然后使二极管 VD_1、VD_2分别在接入和断开情况下，调节电位器R_P，在输出不失真条件下记下R_P可调范围，研究二极管的稳幅作用。把各项数据记录在表 5-5-2 中。

表 5-5-2　输出不失真条件下R_P可调范围

项目	VD_1、VD_2接入		VD_1、VD_2断开	
	最大	最小	最大	最小
R_P/kΩ				

（2）方波信号发生电路。图 5-5-1（b）所示为方波信号发生电路。在反相滞回比较器电路中，增加一条由R_fC_f积分电路组成的负反馈电路，电路的限流电阻R_3和稳压管 VS_1、VS_2组成双向限幅电路，构成了简单的方波信号发生电路。RC 回路既作为延迟环节，又作为反馈网络，通过 RC 充、放电实现输出状态的自动转换。其振荡频率为

$$f_0 = \frac{1}{2R_fC_f\ln\left(1+\frac{2R_2}{R_1}\right)} \tag{5-5-2}$$

按图 5-5-1（b）接线。先将电位器R_P滑动点置于中心位置，估算振荡频率。观察并描绘U_O、U_C波形，测量其幅值及频率，测量R_1、R_2值。再次调节R_P，在R_1大于R_2和R_1小于R_2的情况下，分别观察U_O、U_C的波形、幅值和频率的变化情况。把各项数据记录在表 5-5-3 中。

表 5-5-3　方波信号发生电路数据记录

项目	$R_1=R_2$		$R_1>R_2$（$R_1=$　　$R_2=$　　）		$R_1<R_2$（$R_1=$　　$R_2=$　　）	
	U_O/V	f/Hz	U_O/V	f/Hz	U_O/V	f/Hz
测量值						
变化	/	/				

最后，恢复R_P到中心位置，将两个稳压管之一短接，观察U_O的波形变化，并将变化趋势记录在表 5-5-4 中。

表 5-5-4　稳压管之一短接时波形变化记录

项目	VS_1 短接		VS_2 短接	
	U_O	f	U_O	f
变化趋势				

(3)三角波信号发生电路。图 5-5-1(c)所示为三角波信号发生电路。在实用电路中,将方波发生电路中的 RC 充、放电回路用积分运算电路来取代,滞回比较器和积分电路的输出互为另一个电路的输入,形成闭环电路。三角波信号发生器的振荡频率为

$$f_0 = \frac{R_2}{4R_1(R_f + R_P)C_f} \tag{5-5-3}$$

在 R_f 上串联一个可调电位器 R_P,调节 R_P 的大小则可以调节电路的振荡频率。

按图 5-5-1(c)接线。先调节电位器 R_P滑动点到中心位置,估算振荡频率。观察并描绘振荡波形,测量其幅值及频率,测量 R_P值。再改变 R_P,观察振荡波形、幅值及频率变化情况。把各项数据记录在表 5-5-5 中。

表 5-5-5　三角波信号发生电路数据记录

项目	中间位置	增大R_P	减小R_P
R_P/kΩ			
U_O/V			
f/Hz			
U'_O/V			
f'/Hz			
波形			

3. 实验思考

(1)实验前按设计的电路,估算 3 种电路的振荡频率。

(2)讨论调节R_P对建立 RC 正弦波自激振荡的影响。

(3)绘制 3 种电路的输出电压波形,并将实测频率与理论值比较。

第六章 工程应用设计基础

第一节　实验环境搭建

1. 实验目的

(1)握 Proteus 和 Library 安装方法。

(2)掌握 Arduino 图形编程软件 Mixly 使用方法,了解图形编程的概念。

2. 实验指导

1)实验环境介绍

Proteus 软件是英国 Lab Center Electronics 公司出品的 EDA 工具软件。它不仅具有其他 EDA 工具软件的仿真功能,还能仿真单片机及外围器件。它是目前比较好的仿真单片机及外围器件的工具,受到单片机爱好者、从事单片机教学的教师、致力于单片机开发应用的科技工作者的青睐。

Proteus 软件是目前唯一将电路系统设计、虚拟系统仿真、固件开发调试和 PCB 设计四合一的电子设计工业级开发平台。Proteus 提供原理图设计系统、SPICE 模拟电路、数字电路及 MCU 器件混合仿真系统、代码调试和 PCB 设计系统功能。其不仅可以仿真传统的电路分析实验、模拟电子电路实验、数字电子电路实验等,而且可以仿真嵌入式系统的实验,在编译方面支持 IAR、Keil 和 MATLAB 等多种编译器,同时还支持物联网应用系统的设计和开发。

Arduino 是一种便携灵活、方便上手的开源电子平台,该平台主要基于 AVR 单片机的微控制器和相应的开发软件,对于初学者而言易于使用,对于高级用户而言灵活变通,受到电子发烧友的广泛关注。自从 2005 年,Arduino 问世以来,其硬件和开发环境一直进行着更新迭代。现在 Arduino 已经有十多年的发展历史,因此市场上 Arduino 的电路板已经有各式各样的版本。

2)Proteus 软件安装

(1)下载官方 Proteus 软件安装包。

注意:系统时间和日期调整为当前北京时间和日期;计算机需要 C 盘能安装(软件默认会提示安装)。

(2)解压缩安装包。

(3)双击打开 Proteus 8. X. exe 安装包,如图 6-1-1 所示界面,根据提示单击 Next 按钮,依次按勾选对应选项。

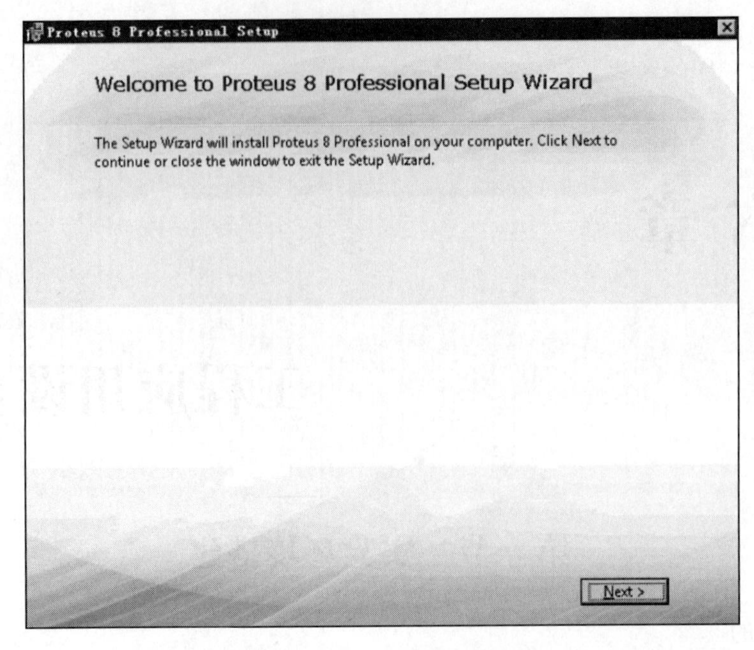

图 6-1-1　Proteus 安装界面

(4)完成安装,如图 6-1-2 所示界面,单击 Close 按钮,完成基本环境安装。

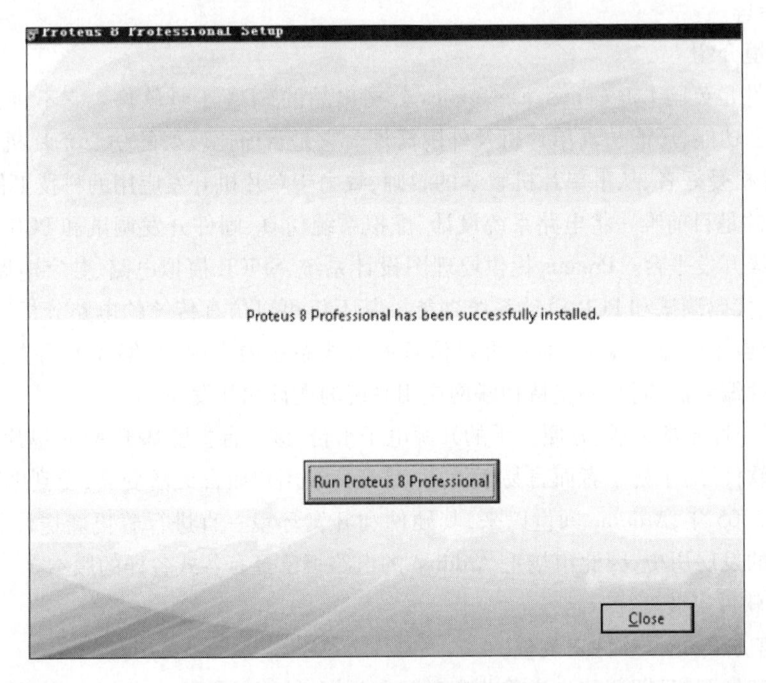

图 6-1-2　Proteus 安装完成界面

(5)安装 Proteus 元器件库。确定 Library 安装目录。如图 6-1-3 所示,在 Proteus 软件界面依次选择 System→System Settings 命令,在弹出界面的 Library folders 中(见图 6-1-4)查看元器件库位置,确定本机安装目录是 C:\Program Files(x86)\Labcenter Electronics\Proteus 8 Professional\Library。

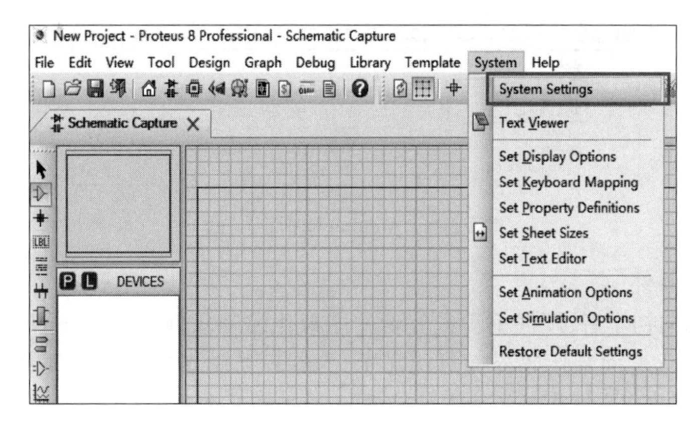

图 6-1-3　选择 System Settings 命令

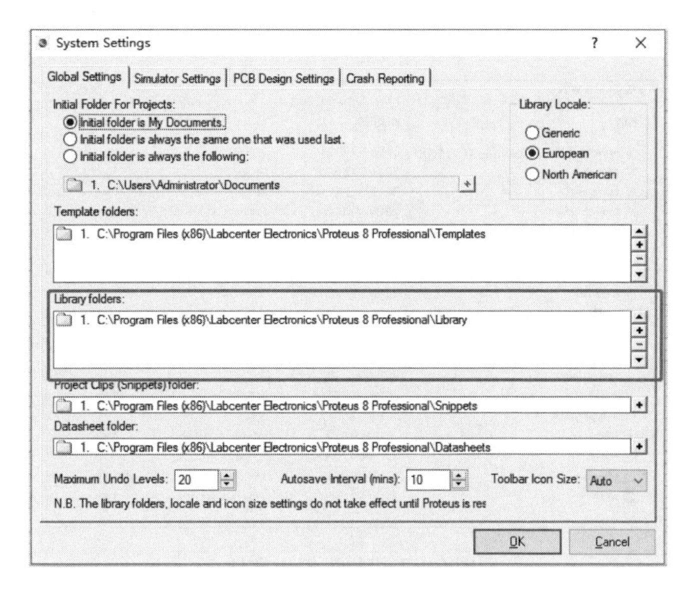

图 6-1-4　System Settings 对话框

(6)安装元器件库(以 Arduino 库为例)。将下载的 Proteus Arduino Library(见图 6-1-5),复制到 Library 安装目录中,如图 6-1-6 所示。

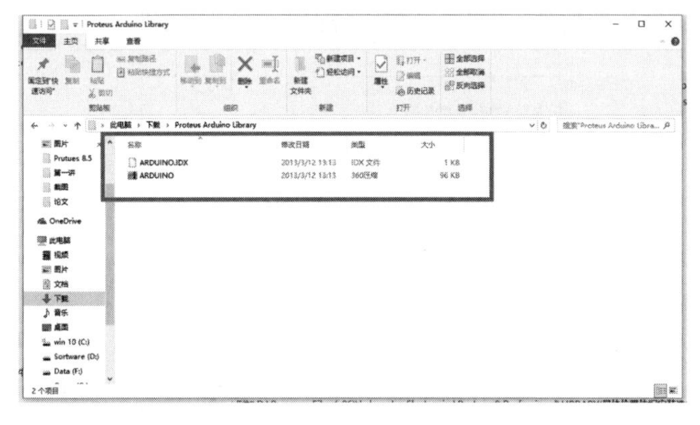

图 6-1-5　Arduino 库解压文件

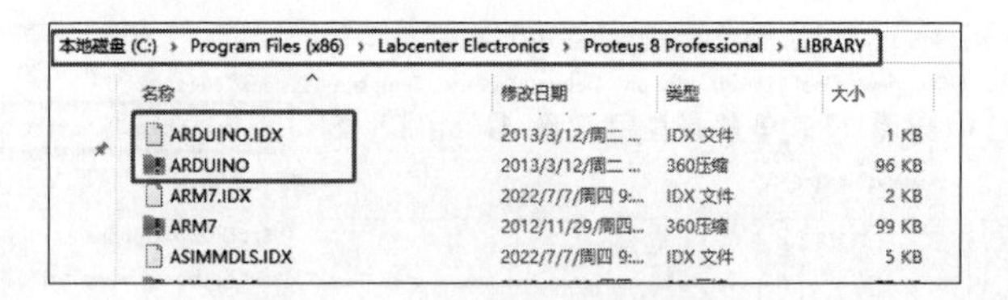

图 6-1-6　Arduino 库指定位置

3) Arduino 编程软件

Mixly 是一款面向初学者、硬件编程爱好者的图形化编程软件,支持 Arduino 开发的图形化编程工具,提供了图形化界面和代码界面对比显示,为编程初学者提供学习便利。官方下载地址:http://mixly.org/,下载相应操作系统版本的软件。

(1)把压缩包右键解压到 Mixly 目录下,如图 6-1-7 所示。

此 Mixly 文件为免安装文件,双击 exe 可执行文件,直接打开编程软件,进行图形编程。

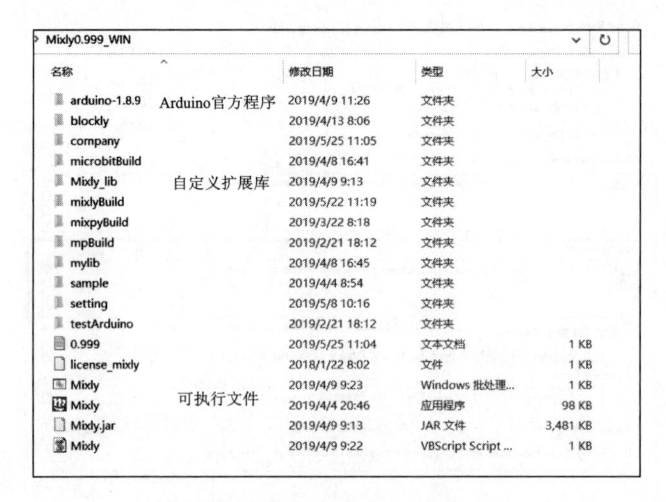

图 6-1-7　Mixly 解压文件

(2)串口驱动安装。通过 USB 端口连接 Arduino UNO 开发板和计算机,安装驱动。驱动程序在 C:\Program Files\Mixly\arduino-1.8.9\drivers 中。

如图 6-1-8 所示,物理连接建立后,自动安装驱动。若安装不成功,可按图 6-1-9 所示,在设备管理器中,右击选择更新驱动软件,选择驱动程序所在文件夹,更新驱动。

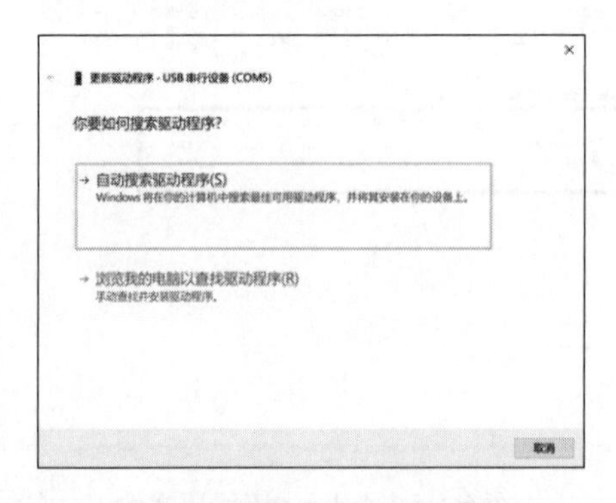

图 6-1-8　驱动自动安装界面

(3)驱动安装成功,可在设备管理器中查看驱动对应端口,如图 6-1-10 所示。

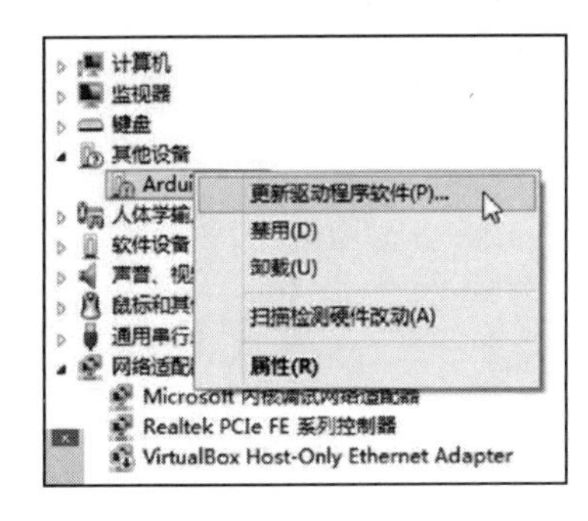

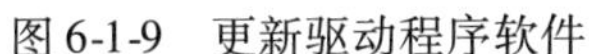
图 6-1-9 更新驱动程序软件

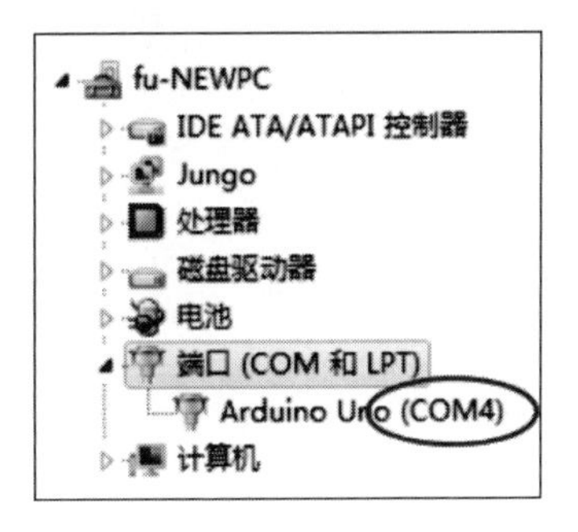

图 6-1-10 驱动安装

第二节 仿真工程实验

1. 实验目的

(1)学习新建 Proteus 工程,掌握工程创建方法。

(2)掌握工程搭建和元器件参数设置方法,分析电路原理。

2. 实验指导

1)创建 Proteus 工程

(1)新建工程。打开 Proteus 8 Professional,如图 6-2-1 所示。创建新的 Proteus 工程(选择 File→New Project 命令),在 Name 文本框中输入工程的名字,在 Path 文本框中选择工程保存的位置,然后一直单击 Next 按钮直到完成,单击 Finish 按钮,工程界面如图 6-2-2 所示。

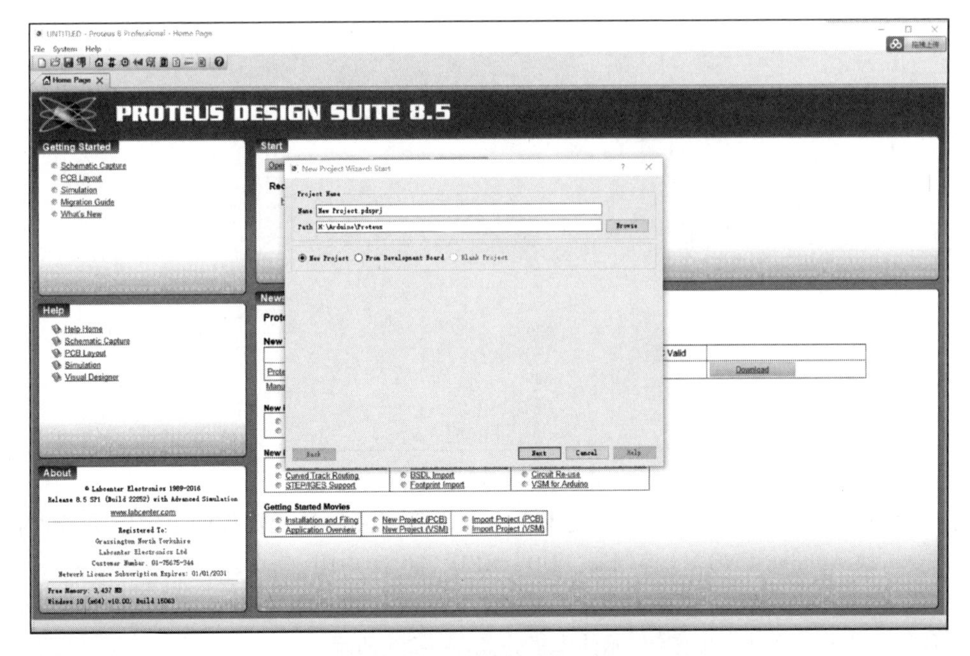

图 6-2-1 新建一个工程

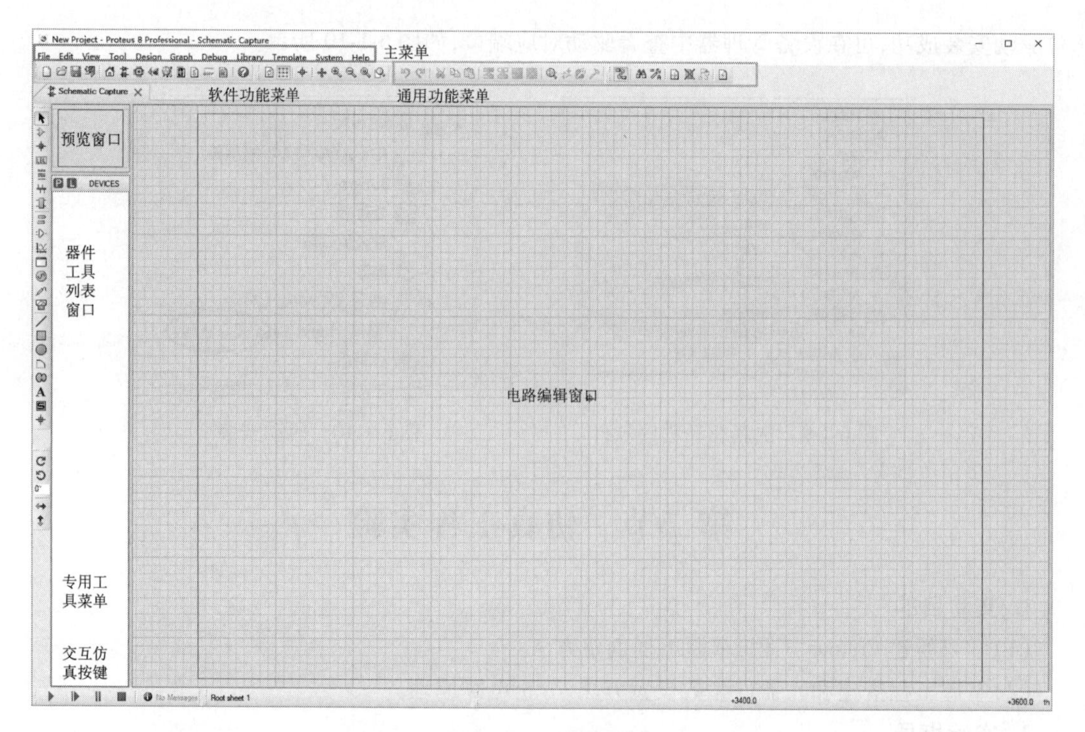

图 6-2-2 工程界面

(2)选择元器件。如图 6-2-3 所示,单击工具栏中图标,在元器件模式库中单击 P 按钮,打开元器件查询对话框。

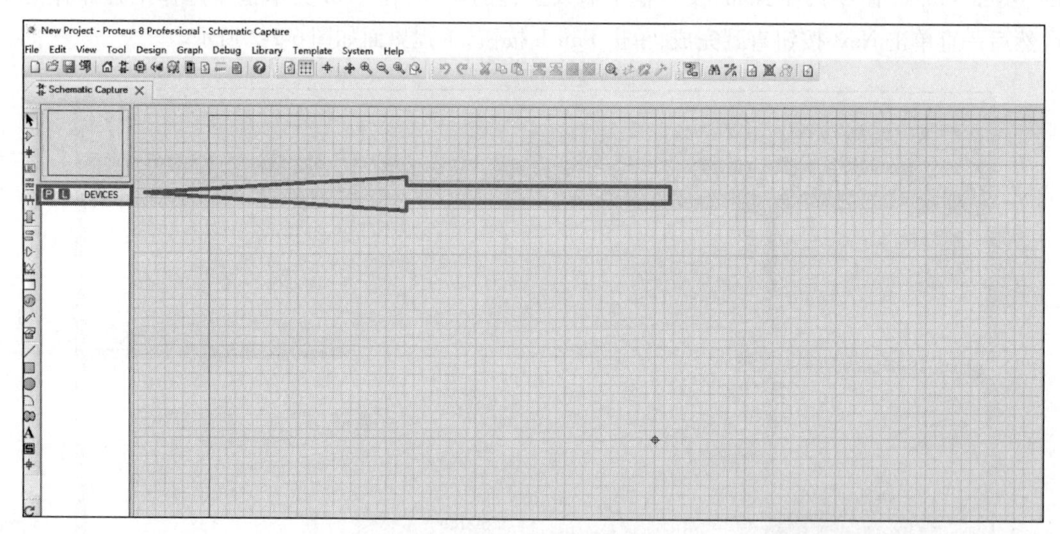

图 6-2-3 选择元器件

在元器件查询对话框中的 Keywords 文本框中输入需要添加的元器件的关键字进行查找。本次实验需要一块 Arduino UNO R3 控制器、LED – RED、220 Ω 电阻。

①首先选择 ARDUINO。如图 6-2-4 所示,在 Keywords 文本框中输入关键字 Arduino,选中 ARDUINO UNO R3,再单击 OK 按钮,元件库模式如图 6-2-5 所示。

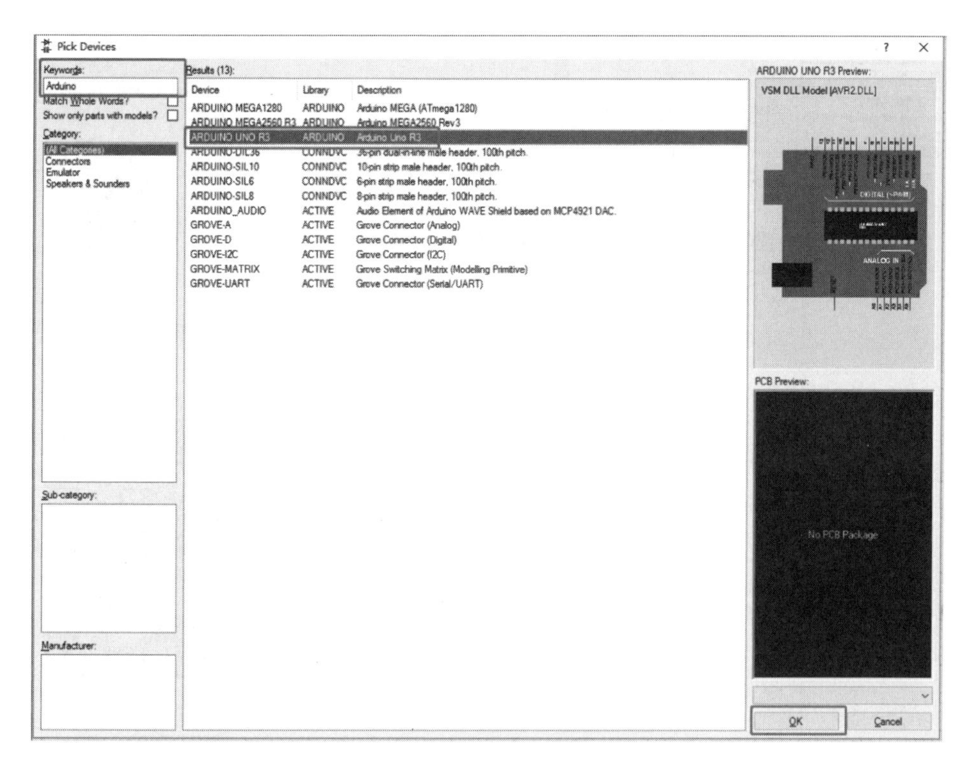

图 6-2-4　选择 ARDUINO

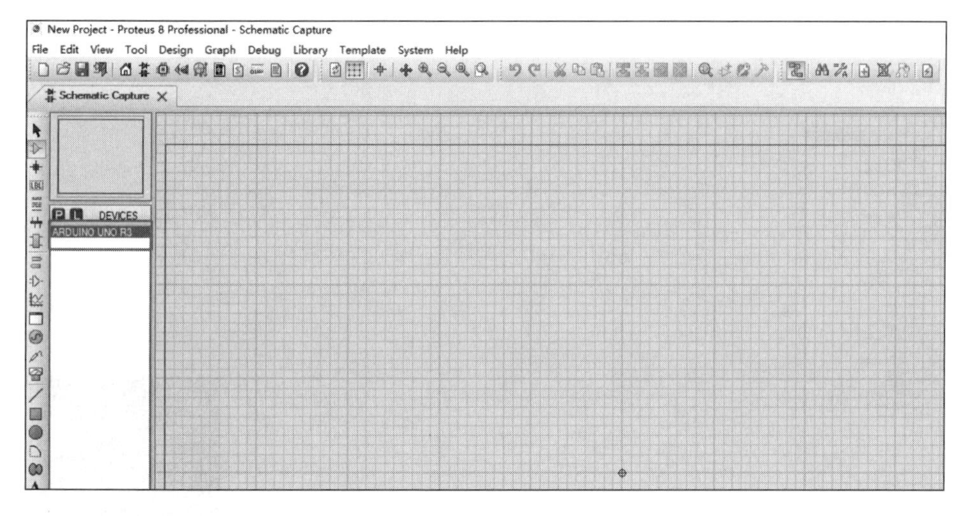

图 6-2-5　元器件——ARDUINO

②选择 LED-RED(也可以选择其他颜色的 LED)。如图 6-2-6 所示,在 Keywords 文本框中输入关键字 LED,选中 LED-RED,再单击 OK 按钮。

③选择 220 Ω\OmegaΩ 电阻。如图 6-2-7 所示,在 Keywords 文本框中输入关键字 RES,选中 RES,再单击 OK 按钮。

(3)放置并连接元器件。放置 ARDUINO 如图 6-2-8 所示,移动光标至元器件栏ARDUINO UNO R3,单击鼠标左键,移动光标到电路编辑窗口合适位置,再单击鼠标左键放置元器件。同放置 ARDUINO 的步骤,放置 LED 和电阻,放置位置如图 6-2-9 所示。

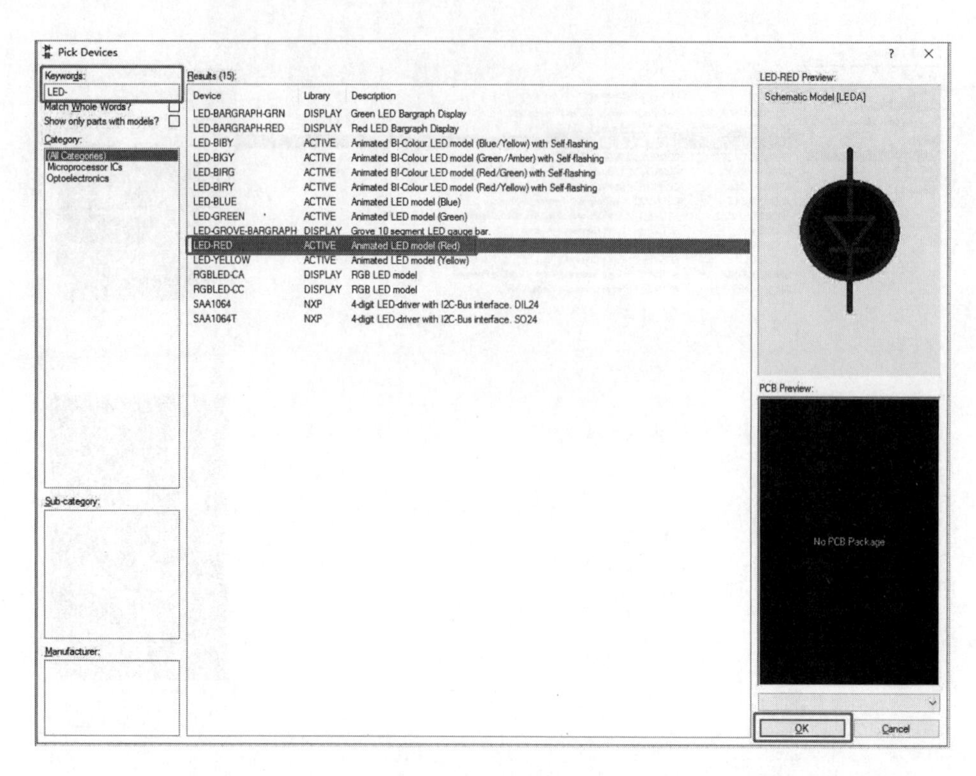

图 6-2-6　选择 LED-RED

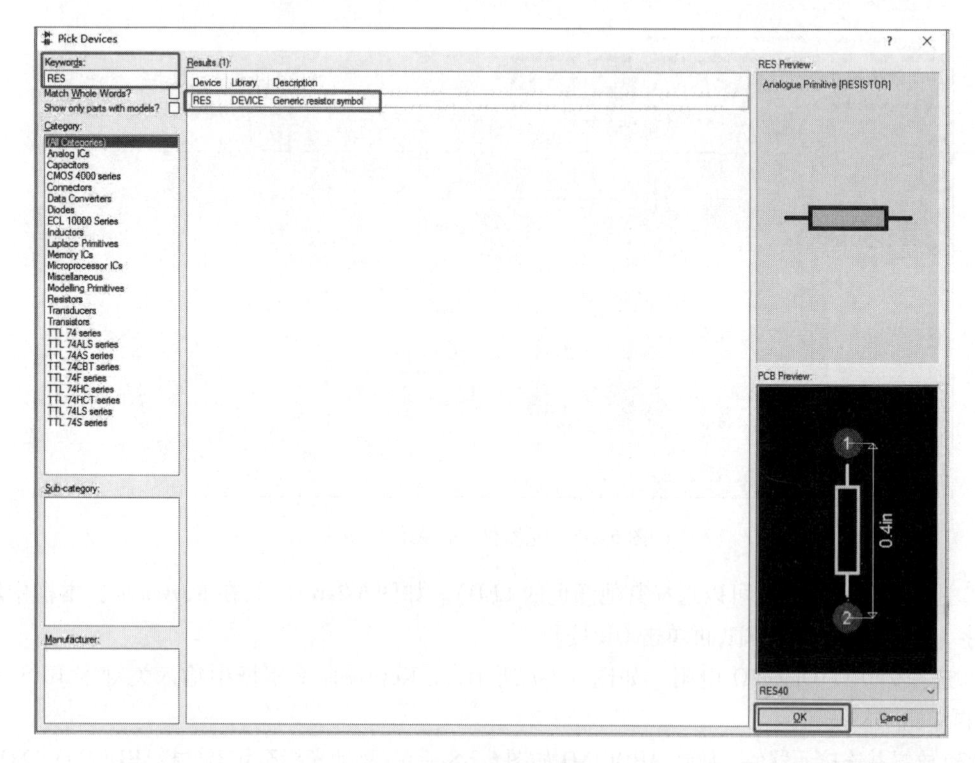

图 6-2-7　选择电阻

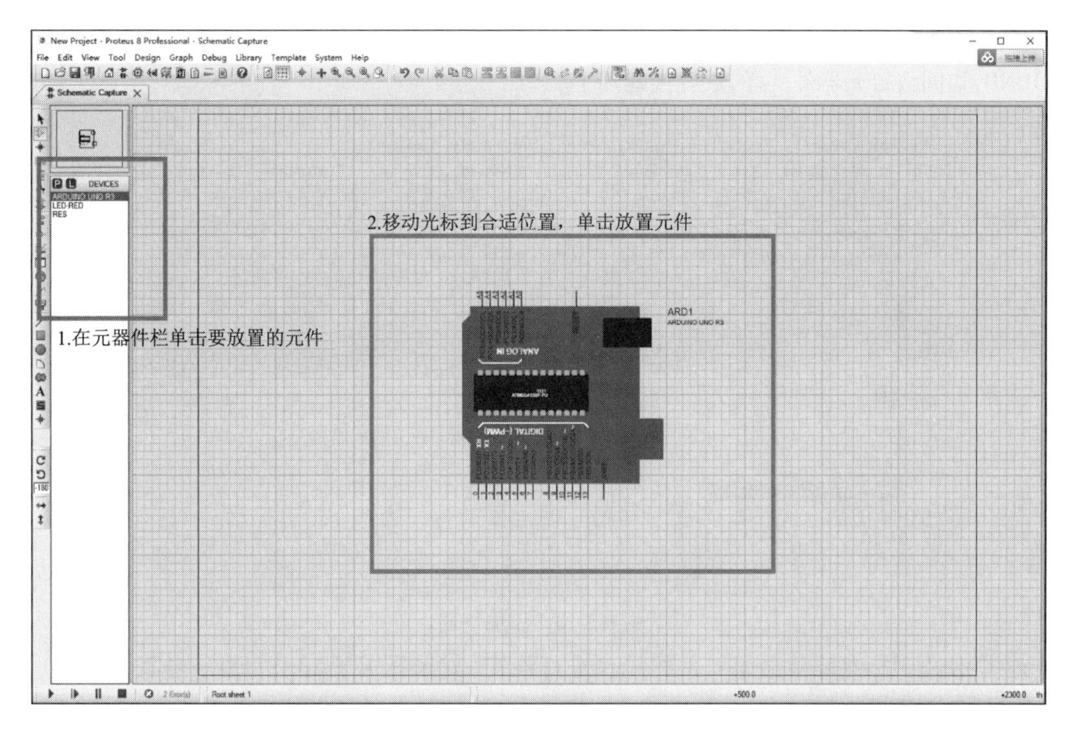

图 6-2-8　放置 ARDUINO

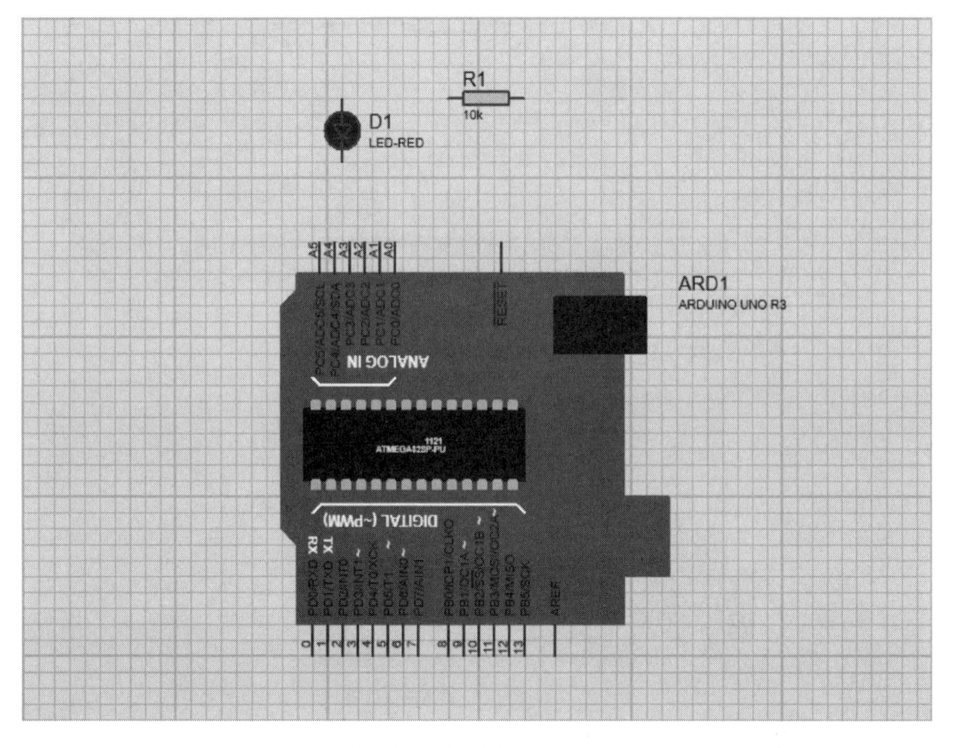

图 6-2-9　放置 LED 和电阻

调整元器件位置：光标移动至需要调整位置的元器件，单击鼠标左键选中后，按住鼠标左键可重新拖动元器件至新的位置。选中元器件后，使用 -/+ 可旋转被选中的元器件。

添加终端(输入/输出/电源/接地),如图 6-2-10 所示。在工具栏中单击图标,选择GROUND,如同放置元器件一样,放置接地端子。

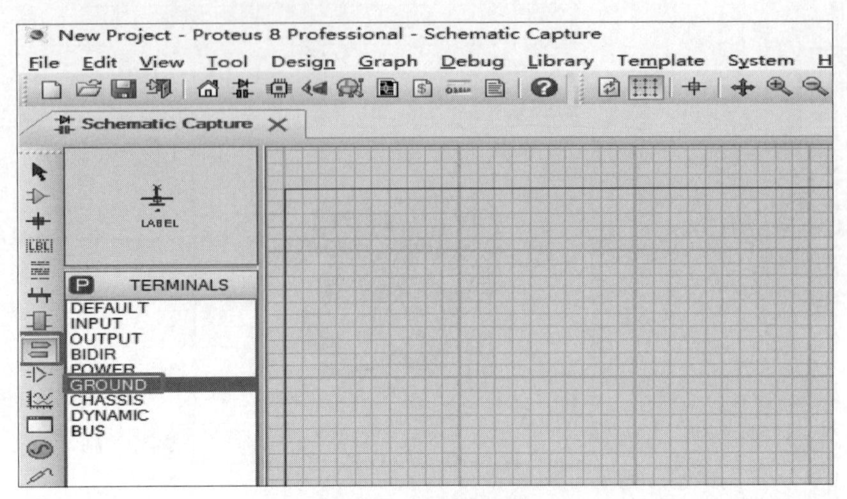

图 6-2-10　添加终端

连线:使用鼠标左键单击元器件的端口进行连接(如选择端子 13→LED→电阻→GND),如图 6-2-11所示。

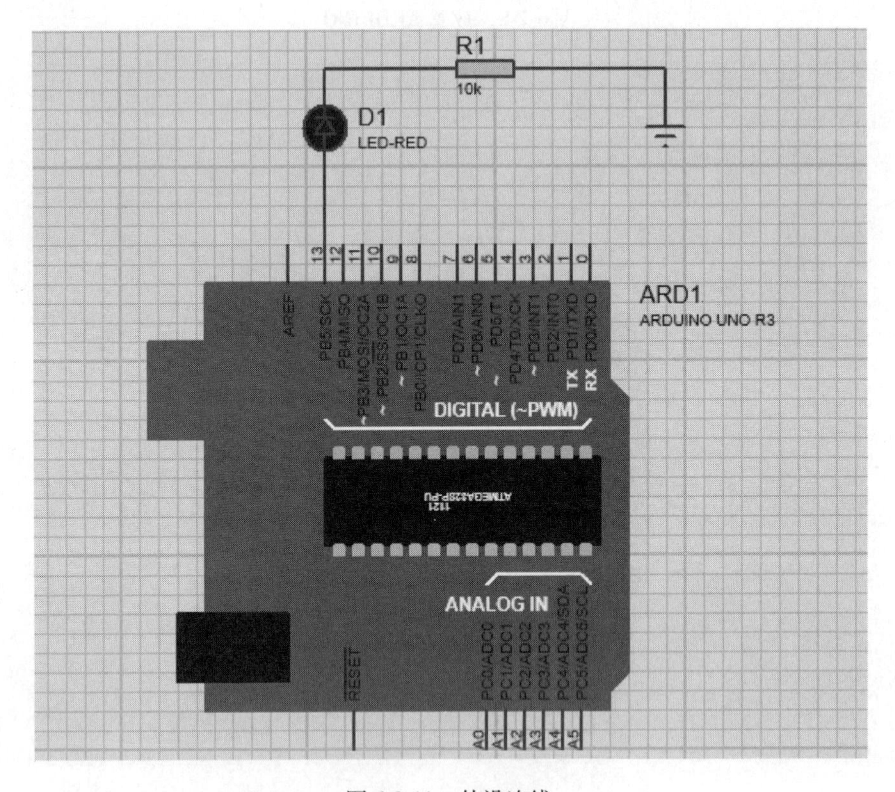

图 6-2-11　外设连线

(4)修改元器件参数。如图 6-2-12 所示,双击元器件,在弹出的 Edit Component 窗口中修改元器件属性。以电阻为例,将电阻阻值改为 220。

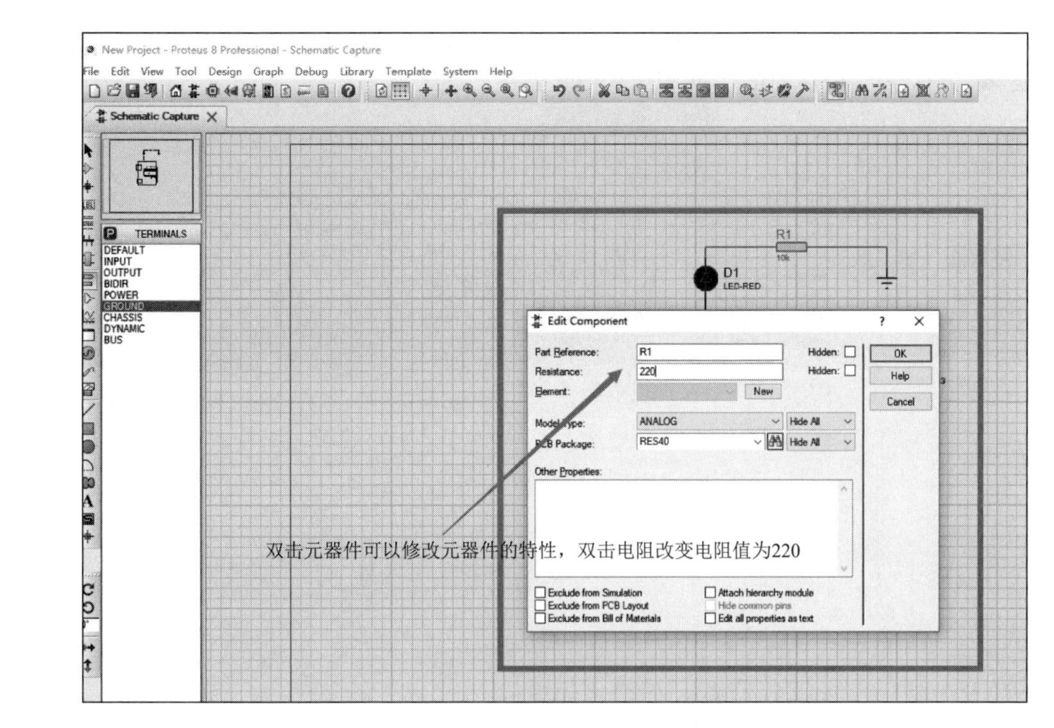

图 6-2-12　修改元器件参数

2）运行 Proteus 仿真

双击 ARDUINO UNO R3，在弹出的 Edit Component 窗口中，单击 Program File 图标，弹出 Select File Name窗口如图 6-2-13 所示，查找编程软件编译生成的 hex 文件所在文件夹，选择 hex 文件，单击“打开”按钮，弹出 Edit Component 窗口如图 6-2-14 所示，单击 OK 按钮，确认 ARDUINO 运行时的编译文件。

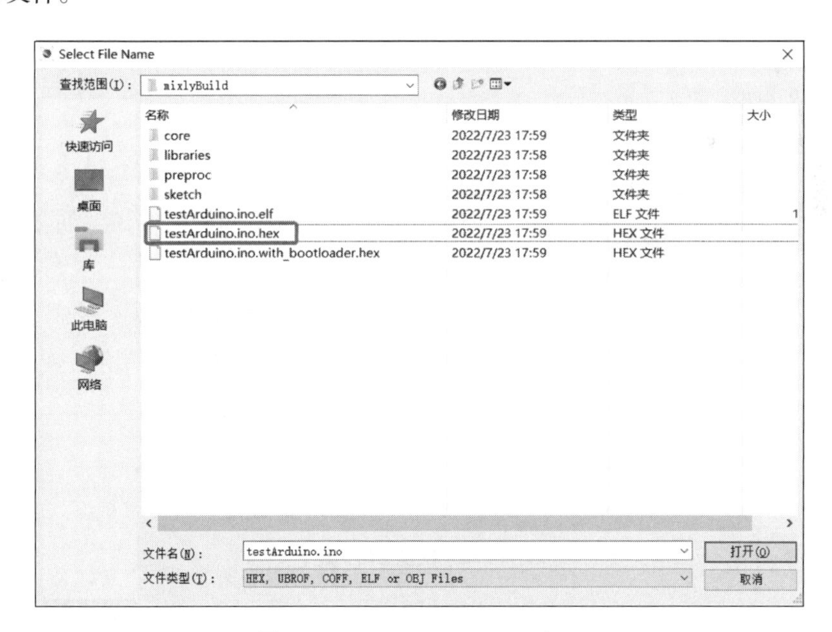

图 6-2-13　Select File Name 窗口

单击“交互仿真运行”按钮▶,仿真运行,仿真运行时,不能改变仿真电路;单击“交互仿真停止”按钮■,仿真停止,仿真停止时,可以改变仿真电路。

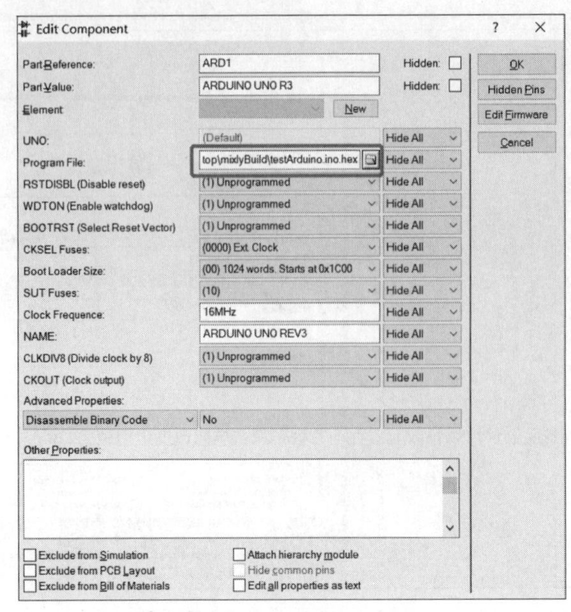

图 6-2-14　Edit Component 窗口

第三节　硬件搭建实验

1. 实验目的

(1)了解单片机的基本布局与功能,掌握软硬件调试方法。

(2)学习硬件搭建步骤,掌握故障排除方法。

2. 实验指导

1)实验硬件电路

准备实验所需硬件,如图 6-3-1 所示。

按图 6-3-2 所示,搭建硬件电路,确认电路连接正确,接触良好。

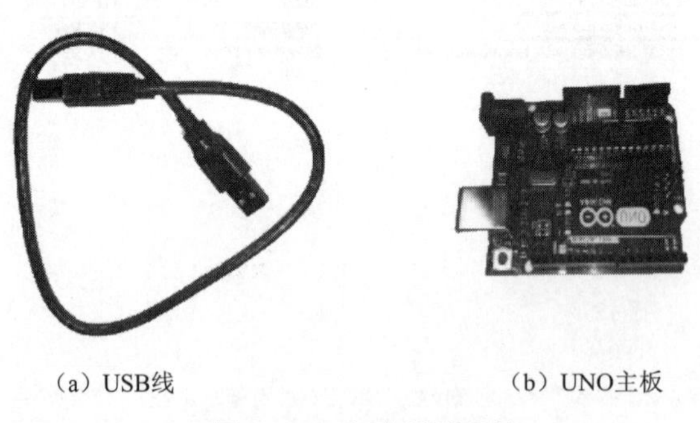

(a) USB线　　　　(b) UNO主板

图 6-3-1　实验所需硬件

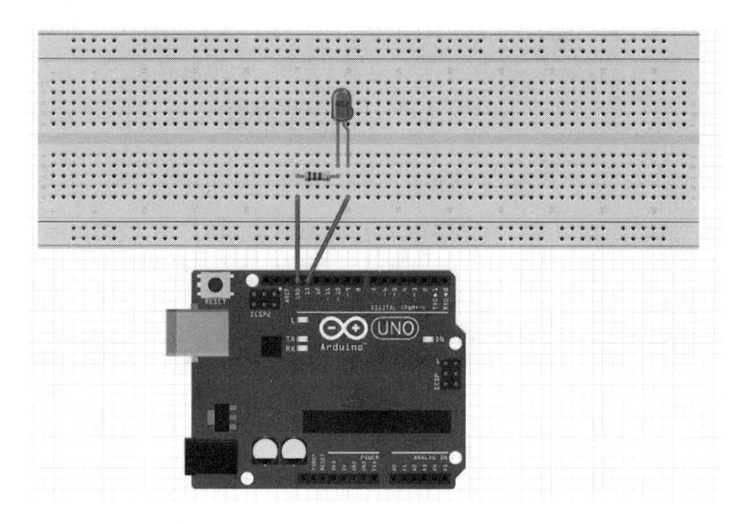

图 6-3-2　硬件电路

通过 USB 线,将 Arduino UNO 单片机连接到计算机的 USB 口,确认串口号(本实验中为 COM4)。

2)启动 Mixly. exe 可执行文件

(1)打开示例程序:L1 - 板载 LED 闪烁示例程序. mix,如图 6-3-3 所示。

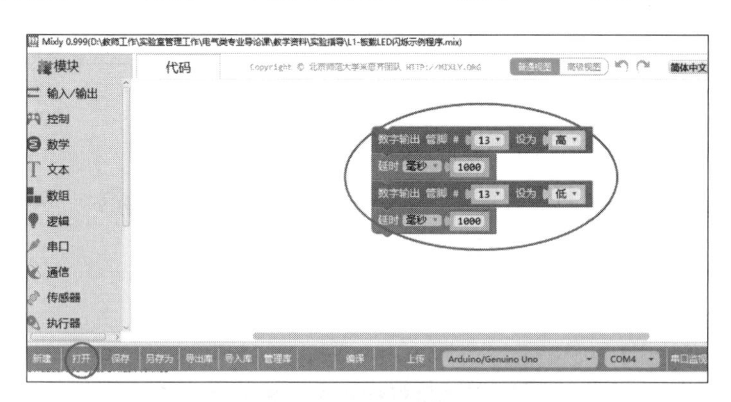

图 6-3-3　示例程序

(2)程序设置。如图 6-3-4 所示,系统选择 Genuino UNO。

如图 6-3-5 所示,端口选择 COMx(即驱动成功安装好后出现的端口号,本实验中为 COM4)。

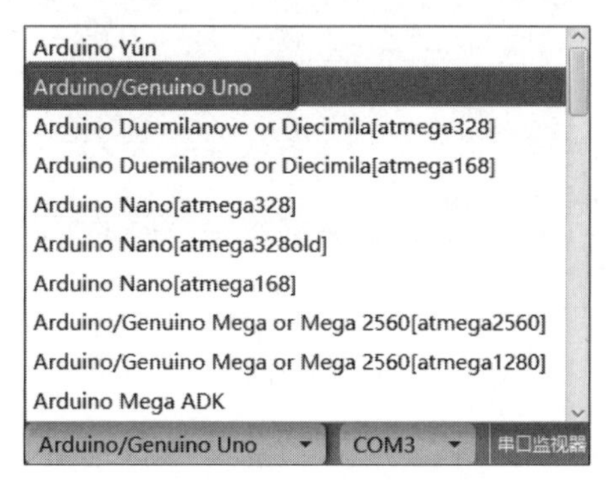

图 6-3-4　系统选择

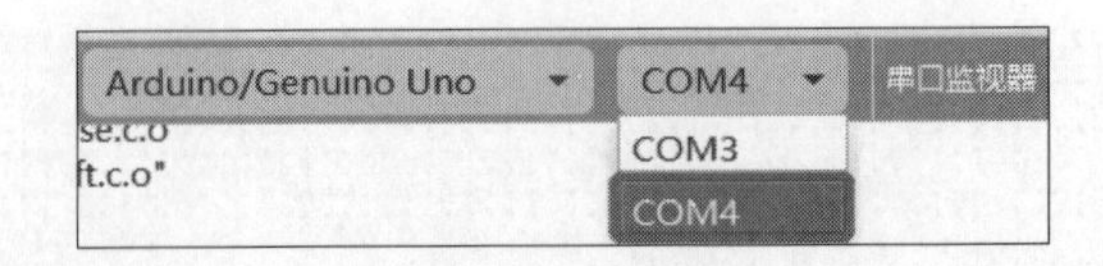

图 6-3-5　端口选择

(3)程序上传。如图 6-3-6 所示,单击编译按钮,待编译成功后,单击上传按钮,等待上传成功,可以看到 Arduino 板上的 LED 规律闪烁。

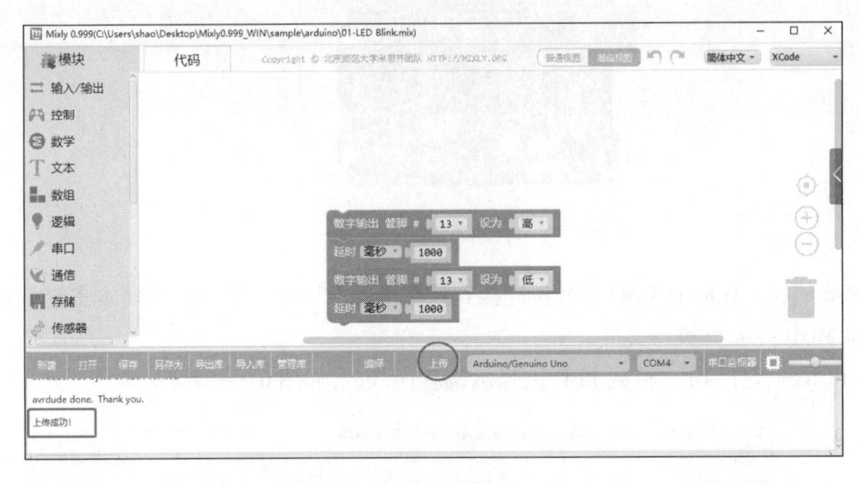

图 6-3-6　程序编译和上传

3) Arduino UNO 开发板

Arduino UNO 开发板是目前最常见的 Arduino 主控板,如图 6-3-7 所示。本实验的所有编程及功能实现都将基于 Arduino UNO 开发板进行。

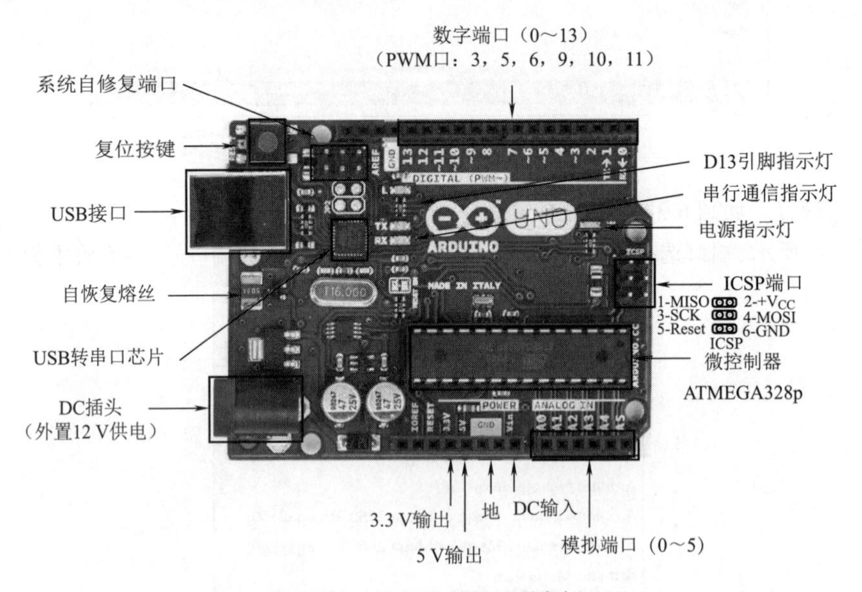

图 6-3-7　Arduino UNO 开发板

(1)工作电压:UNO 开发板工作电压为 5 V,可由 USB 连接计算机供电,也可由 DC 插口独立供电。Arduino 主控板可以提供 3.3 V 和 5 V 两种供电电压,也可以在 VIN 口提供与 DC 输入电压相同的电压输出。

每一个数字引脚输出电流最大不能超过 40 mA(3.3 V 不超过 50 mA)。如果需要驱动电机、舵机等对功率有要求的设备,建议通过专用扩展板为设备提供电源输入,以免主控板复位重启或损坏。USB 输入电流超过 500 mA 时,会自动断开 USB 连接。

(2)数字端口:UNO 板载 14 个数字端口(图 6-3-7 右上部分)。

(3)模拟端口:UNO 板载 6 个模拟端口(图 6-3-7 右下部分)。

(4)PWM 引脚:14 个数字端口中有 6 个端口(3、5、6、9、10、11)可以用作 PWM(pulse width modulation,脉冲宽度调制)控制,实现类似模拟信号的输出效果。

(5)IIC 通信接口:模拟中的 A4 和 A5 是 UNO 板默认的 IIC 通信接口。

(6)中断接口:UNO 板默认的中断接口为数字端口 2、3,分别对应中断序号 0、1。

(7)D13 引脚信号指示灯。这个信号指示灯是 UNO 板上可通过对 13 号数字端口编程控制的 LED 灯,在程序设计中可编程当作状态指示灯使用,以指示程序的运行状态。

4)面包板原理

面包板如图 6-3-8 所示,常见的最小单元面包板分上、中、下 3 部分,上面和下面部分一般是由 1 行或 2 行的插孔构成的窄条,中间部分是由中间一条隔离凹槽和上下各 5 行的插孔构成的条。

图 6-3-9 所示窄条上下两行之间电气不连通。每 5 个插孔为一组(通常称为“孤岛”),通常的面包板上有 10 组。这 10 组“孤岛”的左边 5 组内部电气连通,右边 5 组内部电气连通,但左右两边之间不连通,这种结构通常称为 5-5 结构。

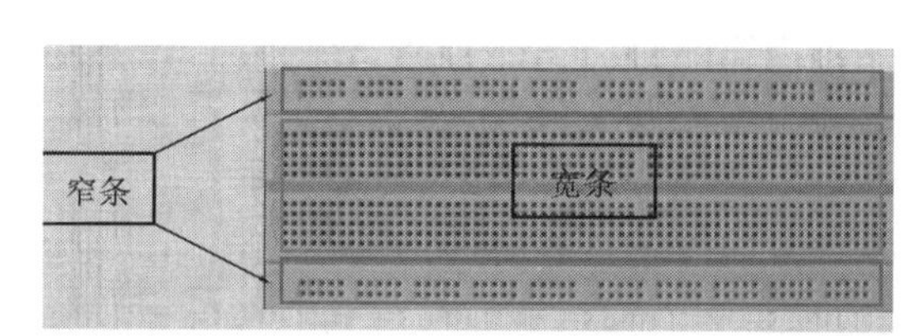

图 6-3-8　面包板

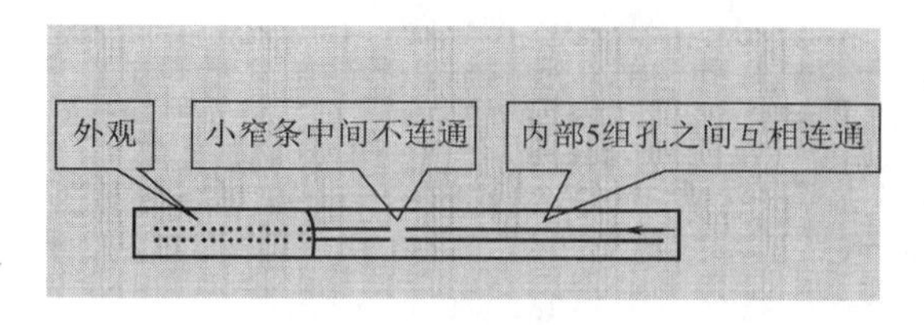

图 6-3-9　面包板窄条

中间部分宽条是由中间一条隔离凹槽和上下各 5 行的插孔构成。在同一列中的 5 个插孔是互相连通的,列和列之间以及凹槽上下部分则是不连通的。外观及结构如图 6-3-10所示。

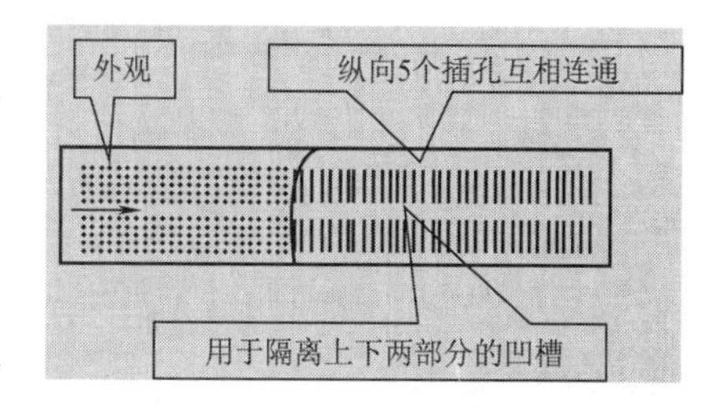

图 6-3-10　面包板中间部分

在做实验的时候,通常是使用两窄一宽组成的小单元,应按照实验指导教师的示范和要求,在宽条部分搭接电路的主体部分,上面的窄条取一行做电源,下面的窄条取一行做接地。使用时注意窄条的中间部分不通。

第四节　跑马灯设计

1. 实验目的

(1)搭建跑马灯硬件电路,并学习故障排查方法。

(2)掌握数字量信号的概念和跑马灯调试方法,分析 LED 灯亮灭原理。

(3)研究软硬件电路调试方法。

2. 实验指导

搭建电路,实现功能如下:当检测到按键接高电平时,间隔 1 s,依次点亮一个 LED 灯;当检测到按键接低电平时,LED 灯全部熄灭。

1)搭建仿真电路

跑马灯仿真电路如图 6-4-1 所示。

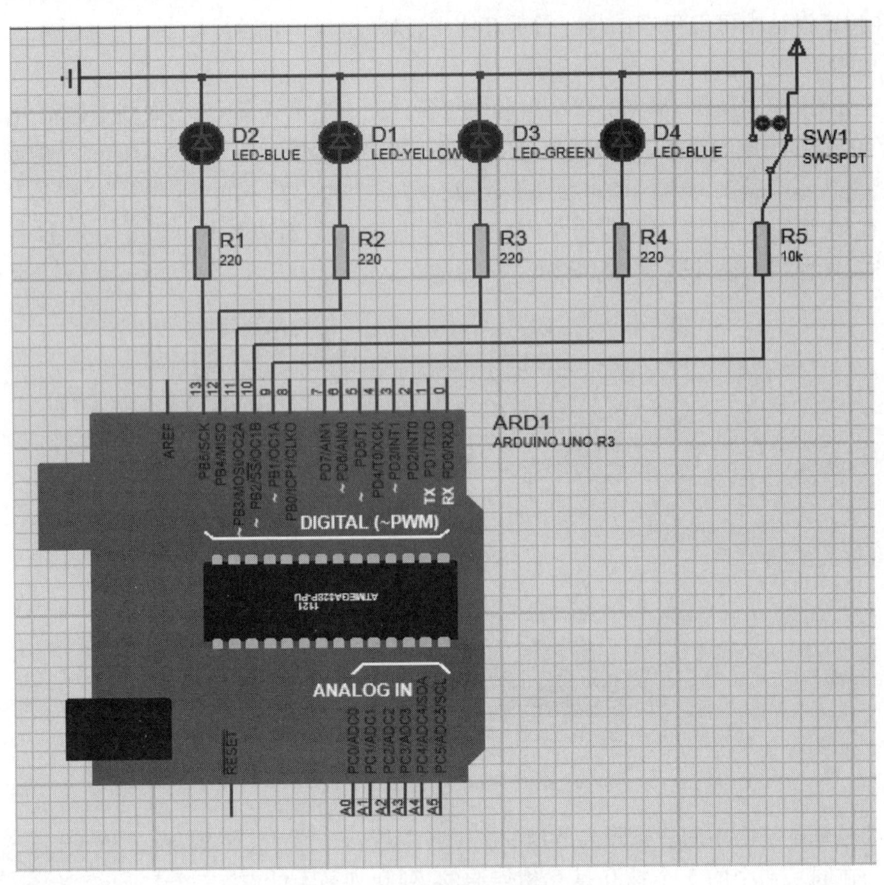

图 6-4-1　跑马灯仿真电路

2)编写程序

(1)数字输入:如图 6-4-2 所示,在“模块”栏单击 输入/输出 ,在弹出的界面中选择 数字输入 管脚 # 0 。

功能:控制对应管脚的数字输入状态,可以将这种控制状态理解为开关,高则为开,低则为关,并且只有高低(开关)两种状态,非开即关。

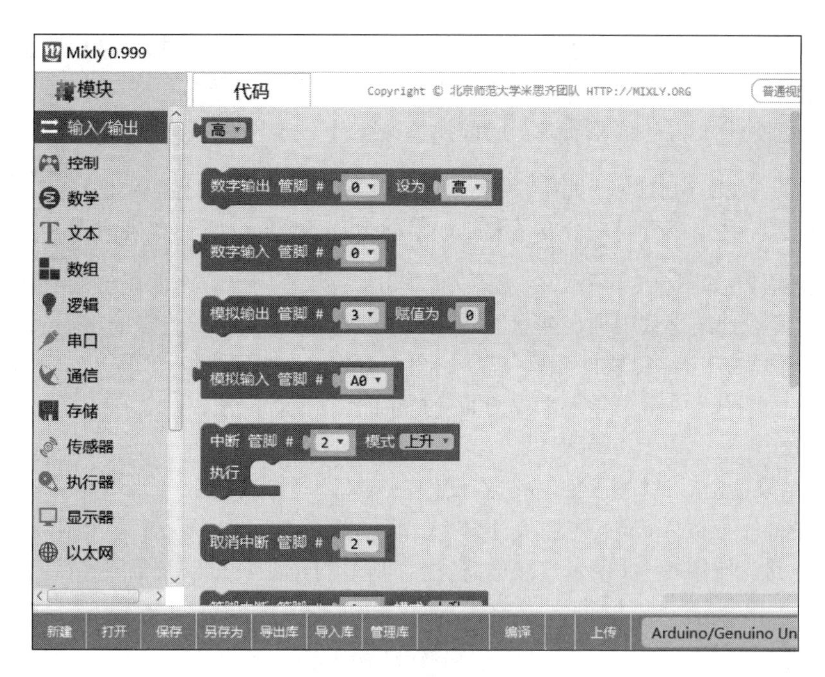

图 6-4-2　数字输入/输出

(2)数字输出：如图 6-4-2 所示，在“模块”栏单击 输入/输出，在弹出的界面中选择 数字输出 管脚 # 0 设为 高。

功能：控制对应管脚的数字输出状态，可以将这种控制状态理解为开关，高则为开，低则为关，并且只有高低(开关)两种状态，非开即关。

(3)延时函数：如图 6-4-3 所示，在“模块”栏单击 控制，在弹出的界面中选择 延时 毫秒 1000。

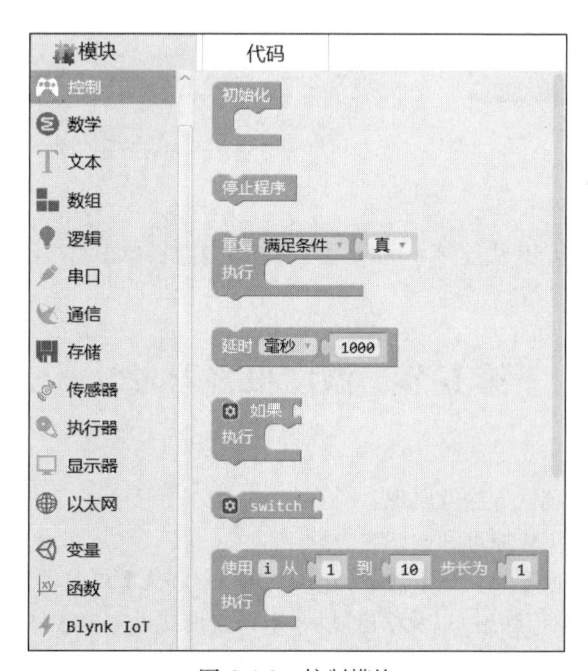

图 6-4-3　控制模块

功能:控制前一条指令与后一条指令的间隔时间。在这里代表数字输出端口输出高(或低)电平的持续时间,也就是 LED 灯实际亮(或灭)的时间。若想更改闪烁的频率,可以通过修改模块中的“单位(默认毫秒)”及“数值”来实现。时间换算关系:1 秒 = 1 000 毫秒 = 1 000 000 微秒。

(4)判断语句:如图 6-4-3 所示,在“模块”栏单击,在弹出的界面中选择。

功能:根据判断结果执行对应分支语句。如果值为真,跳转到执行;如果值为假,跳转到否则。

(5)for 循环语句:如图 6-4-3 所示,在“模块”栏单击,在弹出的界面中选择。

功能:从起始数到结尾数中取出变量“i”的值,按照指定间隔,执行指定的块。

(6)程序:打开 Mixly 编程软件,编写程序如图 6-4-4 所示,单击“编译”按钮,编译成功后,在创建的 Proteus 跑马灯仿真电路中导入生成的 hex 文件,单击“运行”按钮。

3)硬件调试

仿真运行结果正确后,搭建硬件电路,在硬件中验证跑马灯功能。

(1)准备硬件。准备 Arduino 主控板、USB 线、面包板、排线、LED 灯、开关、电阻。

(2)搭建电路。按图 6-4-5 所示连接电路,注意 LED 灯的正负极以及电阻连接问题。

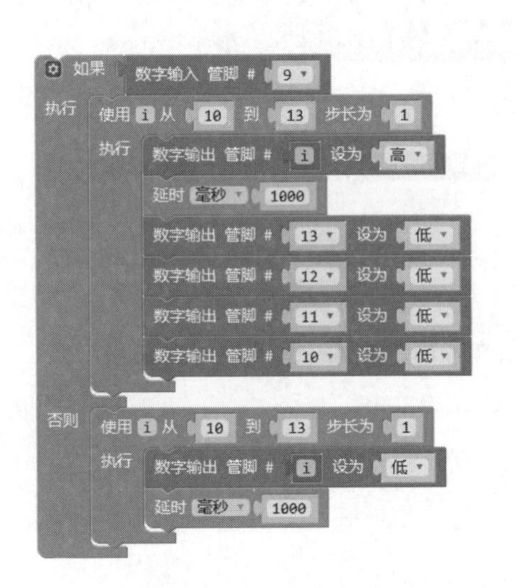

图 6-4-4 LED 闪烁程序

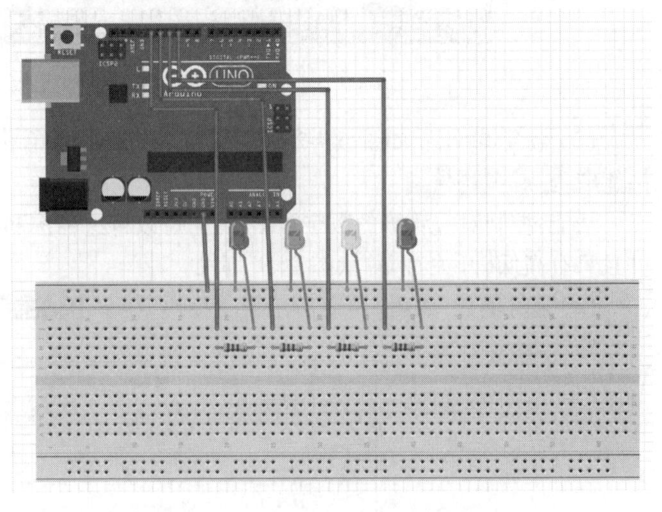

图 6-4-5 跑马灯硬件电路

(3)下载程序。使用 USB 线连接 Arduino 主控板与计算机,单击 Mixly“上传”按钮,等待显示上传成功,调试跑马灯硬件电路。

第五节 温度报警器设计

1. 实验目的

(1)掌握模拟量输入调试方法及原理。

(2)掌握温度传感器工作原理和调试方法。

(3)掌握蜂鸣器工作原理和调试方法,区分有源蜂鸣器和无源蜂鸣器。

(4)学习数据处理(数值映射)以及信息显示(串口监视器),掌握硬件故障排查方法。

2. 实验指导

搭建电路,实现功能如下:设计一个温度报警器,当温度低于 37 ℃或高于 40 ℃时,蜂鸣器发出

0.5 s间隔警报声；当温度处于37～38 ℃或39～40 ℃时，蜂鸣器发出1 s间隔警报声；当温度处于38～39 ℃时，蜂鸣器停止警报声。

1）搭建仿真电路

温度报警器仿真电路如图6-5-1所示。

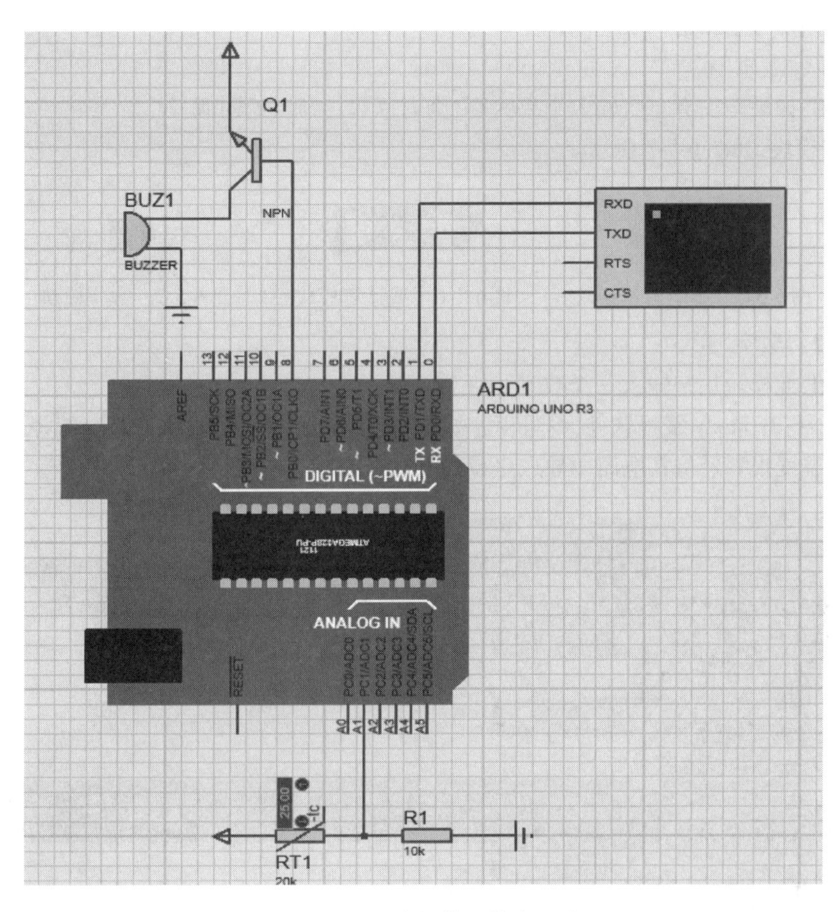

图6-5-1　温度报警器仿真电路

2）编写程序

（1）模拟输入，如图6-5-2所示。

模块位置："输入/输出"栏。

模块作用：返回指定模拟量管脚的值（0～1 023）。

（2）打印（串口）模块，如图6-5-3所示。

模块位置："串口"栏。

模块作用：在串口监视器中输出显示文本内容。

（3）打印换行模块，如图6-5-4所示。

图6-5-2　模拟输入模块

Serial 打印

图6-5-3　打印模块

Serial 打印（自动换行）

图6-5-4　打印换行模块

模块位置："串口"栏。

模块作用:在串口监视器中输出显示文本内容并换行(相当于加了一个回车)。

(4)小于运算模块,如图 6-5-5 所示。

模块位置:“逻辑”栏。

模块作用:如果第一个输入结果比第二个小,则返回真;否则,返回假。

(5)或运算模块,如图 6-5-6 所示。

模块位置:“逻辑”栏。

模块作用:如果至少有一个输入结果为真,则返回真;否则,返回假。

(6)数字模块,如图 6-5-7 所示。

图 6-5-5 小于运算模块　　图6-5-6 或运算模块　　图 6-5-7 数字模块

模块位置:“数字”栏。

模块作用:此模块用来输入一个数字。

(7)程序:打开 Mixly 编程软件,编写程序如图 6-5-8 所示,单击“编译”按钮,编译成功后,在创建的 Proteus 温度报警器仿真电路中导入生成的 hex 文件,单击“运行”按钮。

图 6-5-8 温度报警器程序

3)硬件调试

仿真运行结果正确后,搭建硬件电路,在硬件中验证温度报警器功能。

(1)准备硬件。准备 Arduino 主控板、USB 线、面包板、排线、热敏电阻、蜂鸣器、NPN 型晶体管、电阻。

(2)搭建电路。按图 6-5-9 所示连接电路。

(3)下载程序。使用 USB 线连接 Arduino 主控板与计算机,单击 Mixly“上传”按钮,等待显示上传成功,调试温度报警器硬件电路。

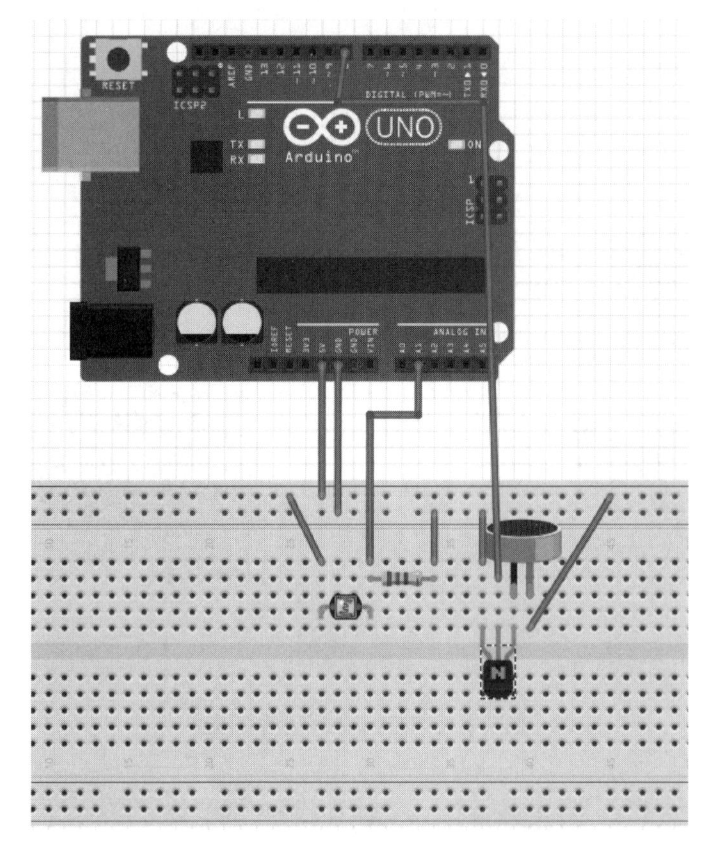

图 6-5-9　温度报警器硬件电路

第六节　智能温控风扇设计

1. 实验目的

(1)掌握模拟量输出调试方法及原理。

(2)学习数码管显示原理,掌握多位数码管显示电路搭建及使用方法。

2. 实验指导

搭建电路,实现功能如下:设计一个智能温控风扇,通过温度传感器检测环境温度。当环境温度低于 26 ℃时,风扇停止运行,数码管显示“d-26”;当温度高于 26 ℃时,风扇运行,数码管显示“g-26”。风扇运行速度与温度成正比,温度越高,风扇运行速度越快。

1)搭建仿真电路

智能温控风扇仿真电路如图 6-6-1 所示。

2)编写程序

(1)模拟输出,如图 6-6-2 所示。

模块位置:“输入/输出”栏。

模块功能:向指定端口输出 PWM 信号。

PWM 输出数值范围为 0～255。

(2)数码管初始化,如图 6-6-3 所示。

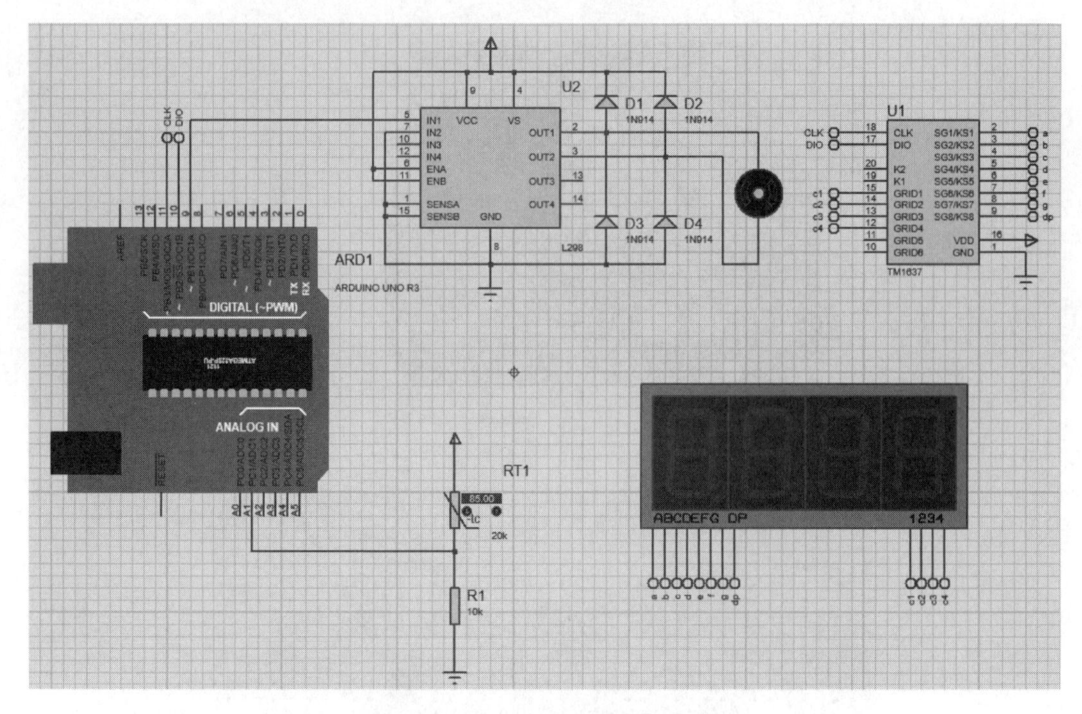

图 6-6-1　智能温控风扇仿真电路

图 6-6-2　模拟输出　　　　图 6-6-3　数码管初始化

模块位置:“显示器”栏。

模块功能:驱动芯片 TM1637 的数码管初始化模块,使用前必须用 2 个管脚初始化,CLK 是时钟管脚,DIO 是数据管脚。

(3)数码管显示,如图 6-6-4 所示。

图 6-6-4　数码管显示

模块位置:“显示器”栏。

模块功能:驱动芯片 TM1637 数码管显示模块,显示数据少于或等于 4 字符时,直接显示;超过 4 字符时,滚动显示。

(4)程序:打开 Mixly 编程软件,编写程序如图 6-6-5 所示。

3)硬件调试

仿真运行结果正确后,搭建硬件电路,在硬件中验证智能温控风扇功能。

(1)准备硬件。准备 Arduino 主控板、USB 线、面包板、排线、热敏电阻、电机、L298N 电机驱动模块、TM1637 数码管。

(2)搭建电路。按图 6-6-6 所示连接电路。

(3)下载程序。使用 USB 线连接 Arduino 主控板与计算机,单击 Mixly“上传”按钮,等待显示上传成功,调试智能温控风扇硬件电路。

```
声明 speed 为 整数 并赋值 0
speed 赋值为 映射 模拟输入 管脚 # A1 从 [ 0 , 1023 ] 到 [ 0 , 255 ]
如果 模拟输入 管脚 # A1 > 355
执行 模拟输出 管脚 # 9 赋值为 speed
     TM1637 初始化 CLK 管脚 11 DIO 管脚 10
     TM1637 显示 " g-26 "
     延时 毫秒 1000
否则 模拟输出 管脚 # 9 赋值为 0
     TM1637 初始化 CLK 管脚 11 DIO 管脚 10
     TM1637 显示 " d-26 "
     延时 毫秒 1000
```

图 6-6-5　智能温控风扇程序

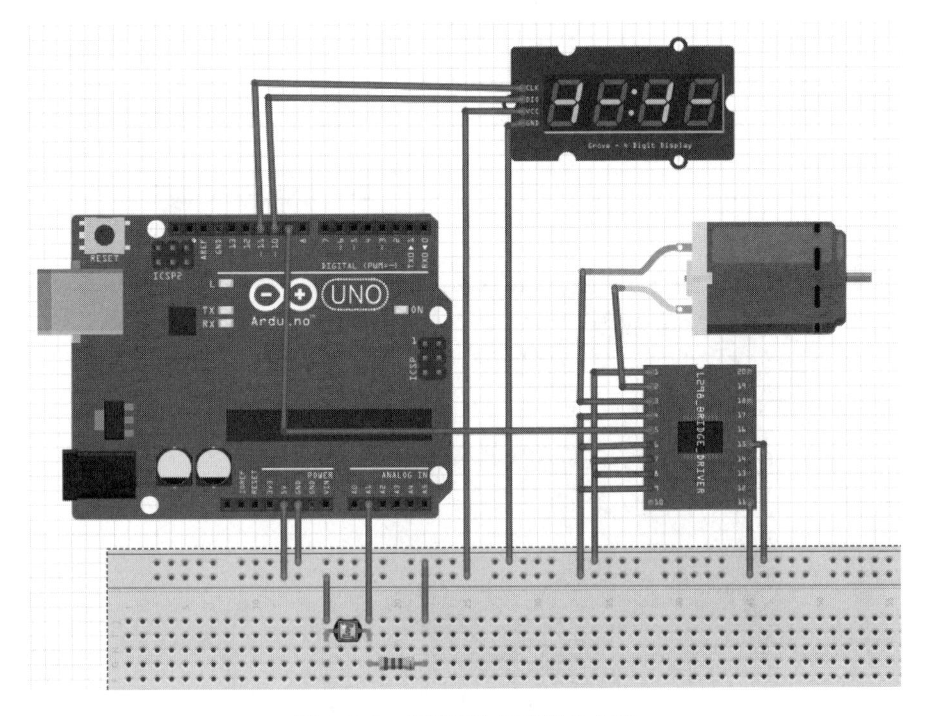

图 6-6-6　智能温控风扇硬件电路

第七节　超声波测距仪设计

1. 实验目的

(1)学习传感器使用方法和原理,掌握电路搭建方法。

(2)掌握超声波测距仪的软件编程。

(3)学习 LCD1602 工作原理,掌握硬件接线方法。

2. 实验指导

搭建电路,实现功能如下:红色 LED 灯红点指示测量点,超声波测距仪检测测量点与当前物体之前的距离,并在 LCD 显示屏上显示。

1)搭建仿真电路

超声波测距仪仿真电路如图 6-7-1 所示。

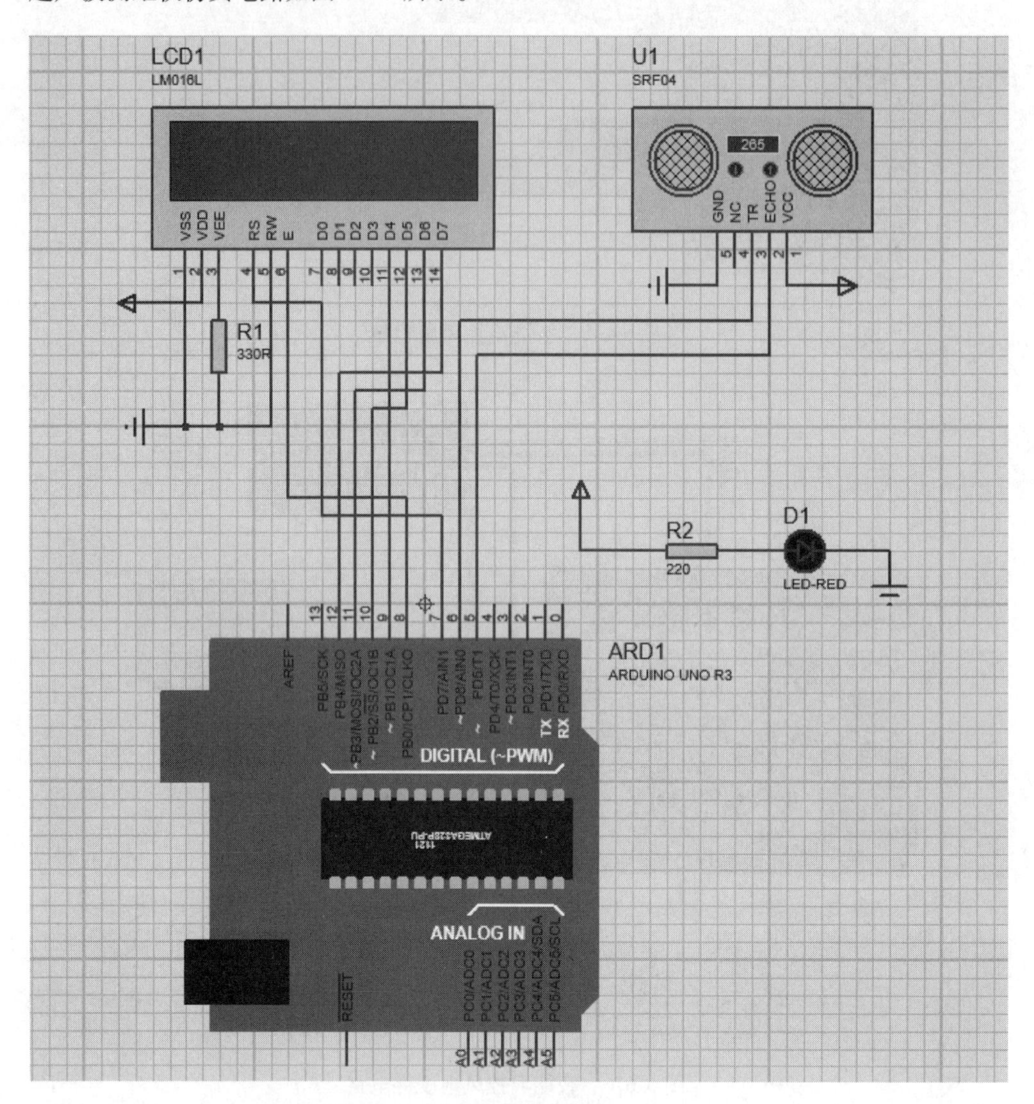

图 6-7-1 超声波测距仪仿真电路

2)编写程序

(1)初始化模块,如图 6-7-2 所示。

模块位置:“控制”栏。

模块功能:初始化操作,这里只执行一次。

(2)变量声明,如图 6-7-3 所示。

图 6-7-2　初始化模块

图 6-7-3　变量声明模块

模块位置:“变量”栏。

模块功能:声明变量,并赋值,此处用于存放超声波测距后返回的距离数值。

(3)超声波测距模块,如图 6-7-4 所示。

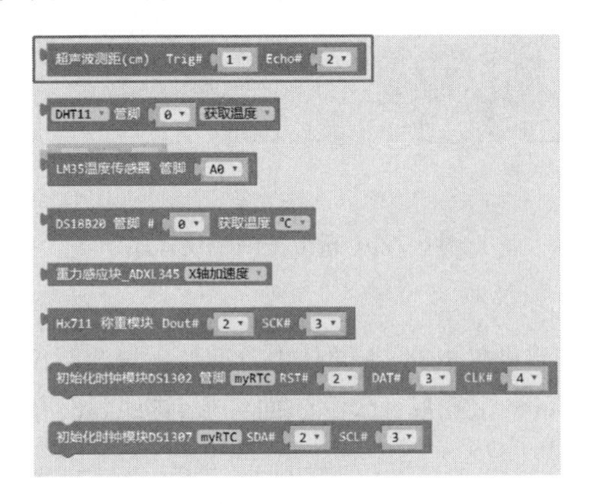

图 6-7-4　超声波测距模块

模块位置:“传感器”栏。

模块功能:超声波测距函数,用于返回超声波距离值,单位是厘米,其中 Trig 是触发管脚,Echo 为信号返回管脚,此处需与实际连接对应。

(4)液晶显示模块,如图 6-7-5 所示。

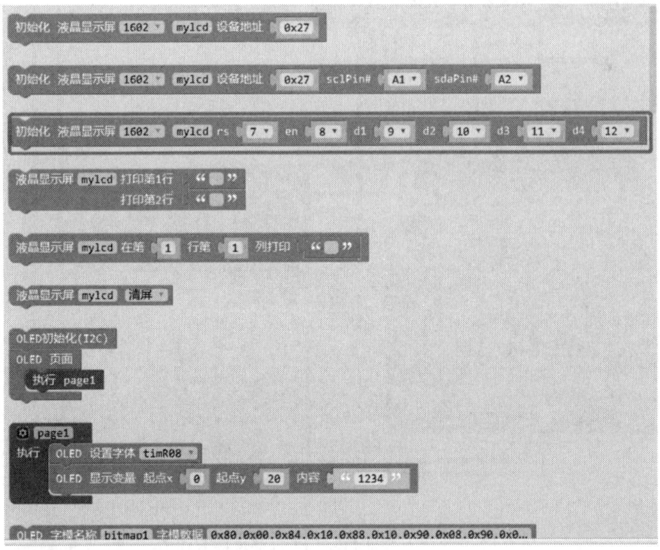

图 6-7-5　液晶显示模块

模块位置:“显示器”栏。

模块功能:初始化 LCD 显示屏,指定所有连接管脚并设置地址。

(5)程序:打开 Mixly 编程软件,编写程序如图 6-7-6 所示。单击“编译”按钮,编译成功后,在创建的 Proteus 超声波测距仪仿真电路中导入生成的 hex 文件,单击“运行”按钮。

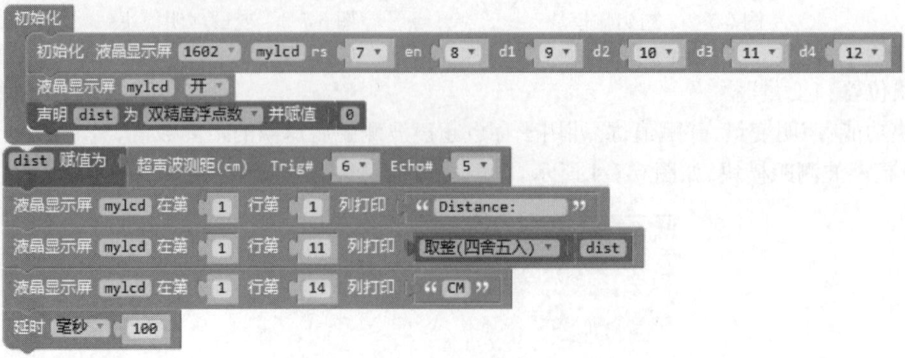

```
初始化
  初始化 液晶显示屏 1602 mylcd rs 7 en 8 d1 9 d2 10 d3 11 d4 12
  液晶显示屏 mylcd 开
  声明 dist 为 双精度浮点数 并赋值 0
dist 赋值为 超声波测距(cm) Trig# 6 Echo# 5
液晶显示屏 mylcd 在第 1 行第 1 列打印 “Distance: ”
液晶显示屏 mylcd 在第 1 行第 11 列打印 取整(四舍五入) dist
液晶显示屏 mylcd 在第 1 行第 14 列打印 “CM”
延时 毫秒 100
```

图 6-7-6　超声波测距仪程序

3)硬件调试

仿真运行结果正确后,搭建硬件电路,在硬件中验证超声波测距仪功能。

(1)准备硬件。准备 Arduino 主控板、USB 线、面包板、排线、超声波传感器、LCD1602、LED 灯、电阻。

(2)搭建电路。按图 6-7-7 所示连接电路。

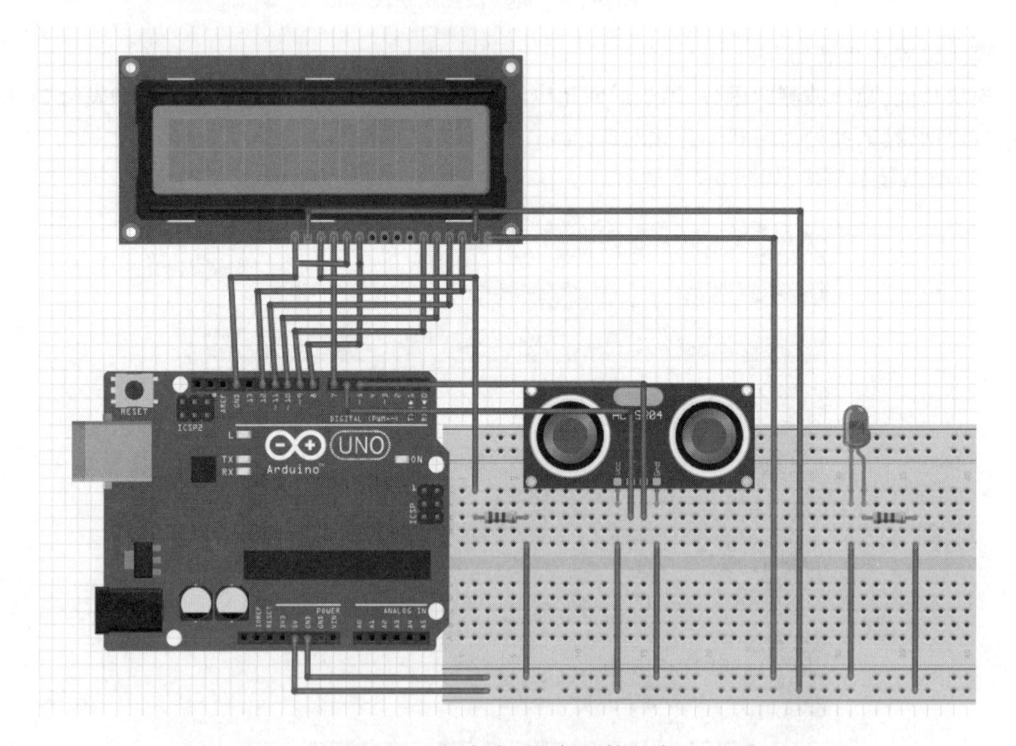

图 6-7-7　超声波测距仪硬件电路

（3）下载程序。使用USB线连接Arduino主控板与计算机，单击Mixly“上传”按钮，等待显示上传成功，调试超声波测距仪硬件电路。

第八节　综合设计——自动避障小车实验

1. 实验目的

（1）学习电动机正反转工作原理，掌握电动机驱动电路以及控制方法。

（2）学习红外收发工作原理，掌握硬件电路和仿真电路搭建方法及控制方法。

（3）学习红外测距传感器的工作原理，了解距离与输出电压值之前的对应关系，掌握换算方法。

（4）学习蜂鸣器工作原理，掌握频率与声音的对应关系。

2. 实验指导

设计一款具有自动避障功能的小车，电路功能要求如下：

（1）接收到遥控器发送的停止信号，小车停止运行；

（2）接收到遥控器发送的开始信号，小车自动运行：

（3）前方左、右两侧15 cm以内均无障碍物，小车前进；

（4）左前方15 cm以内无障碍物，右前方15 cm以内有障碍物，小车左转，发出“嘟”的声音；

（5）左前方15 cm以内有障碍物，右前方15 cm以内无障碍物，小车右转，发出“嘟”的声音；

（6）左前方和右前方15 cm以内均检测到障碍物，小车后退，发出“滴”的声音。

1）搭建仿真电路

仿真电路如图6-8-1所示。

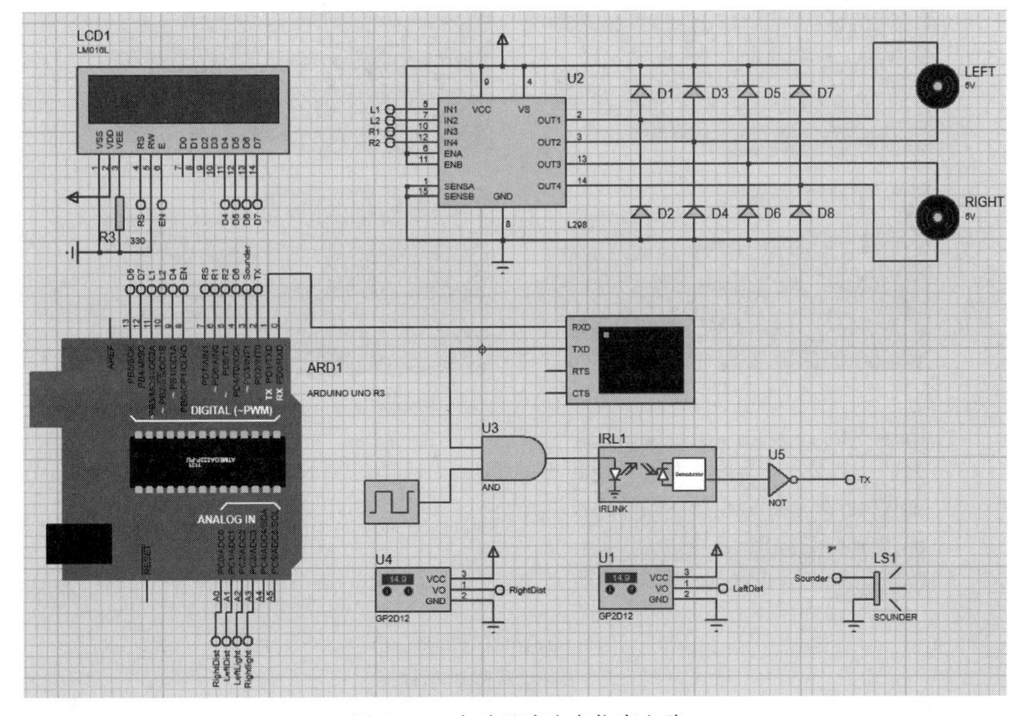

图6-8-1　自动避障小车仿真电路

2）编写程序

打开 Mixly 编程软件，编写程序如图 6-8-2 所示，单击“编译”按钮，编译成功后，在创建的 Proteus自动避障小车仿真电路中导入生成的 hex 文件，单击“运行”按钮。

```
初始化
  初始化 液晶显示屏 1602 mylcd rs 7 en 8 d1 9 d2 13 d3 4 d4 12
  液晶显示屏 mylcd 开
  声明 distRight 为 双精度浮点数 并赋值 0
  声明 distLift 为 双精度浮点数 并赋值 0
  声明 state 为 布尔 并赋值 真
```

（a）初始化程序

```
ir_item 红外接收 管脚 # 2
有信号 Serial 打印（16进制/自动换行） ir_item
  如果 ir_item = 0XFFA857
  执行 state 赋值为 真
  如果 ir_item = 0XFFA25D
  执行 state 赋值为 假
无信号
```

（b） 红外收发程序

```
goAhead 参数：speed
执行 模拟输出 管脚 # 10 赋值为 speed
     模拟输出 管脚 # 11 赋值为 0
     模拟输出 管脚 # 5 赋值为 speed
     模拟输出 管脚 # 6 赋值为 0

goBcck 参数：speed
执行 模拟输出 管脚 # 10 赋值为 0
     模拟输出 管脚 # 11 赋值为 speed
     模拟输出 管脚 # 5 赋值为 0
     模拟输出 管脚 # 6 赋值为 speed

turnLeft 参数：speed
执行 模拟输出 管脚 # 10 赋值为 0
     模拟输出 管脚 # 11 赋值为 speed
     模拟输出 管脚 # 5 赋值为 speed
     模拟输出 管脚 # 6 赋值为 0

turnRight 参数：speed
执行 模拟输出 管脚 # 10 赋值为 speed
     模拟输出 管脚 # 11 赋值为 0
     模拟输出 管脚 # 5 赋值为 0
     模拟输出 管脚 # 6 赋值为 speed

stop
执行 模拟输出 管脚 # 10 赋值为 0
     模拟输出 管脚 # 11 赋值为 0
     模拟输出 管脚 # 5 赋值为 0
     模拟输出 管脚 # 6 赋值为 0
```

（c） 电动机控制程序

图 6-8-2 自动避障小车程序

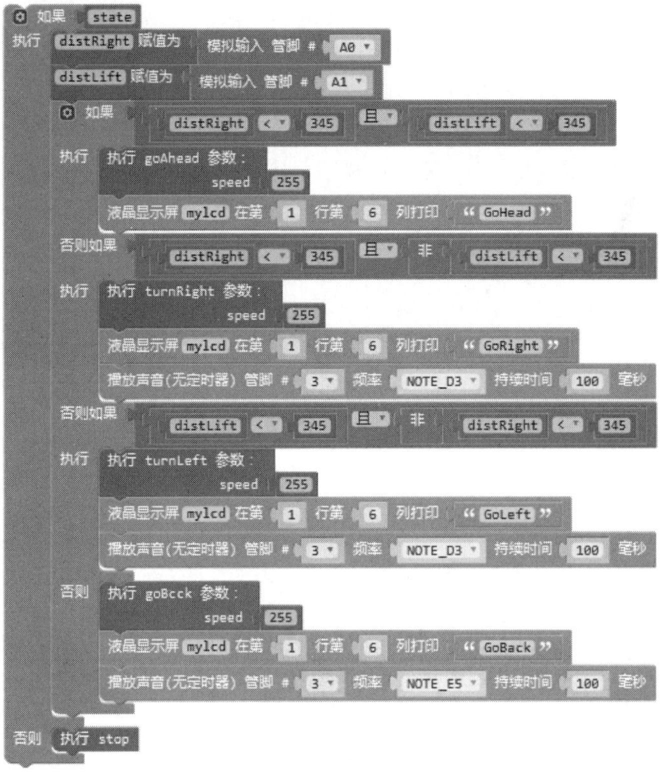

```
如果 state
执行 distRight 赋值为 模拟输入 管脚 # A0
     distLift 赋值为 模拟输入 管脚 # A1
     如果 distRight < 345 且 distLift < 345
     执行 执行 goAhead 参数：
              speed 255
          液晶显示屏 mylcd 在第 1 行第 6 列打印 "GoHead"
     否则如果 distRight < 345 且 非 distLift < 345
     执行 执行 turnRight 参数：
              speed 255
          液晶显示屏 mylcd 在第 1 行第 6 列打印 "GoRight"
          播放声音(无定时器) 管脚 # 3 频率 NOTE_D3 持续时间 100 毫秒
     否则如果 distLift < 345 且 非 distRight < 345
     执行 执行 turnLeft 参数：
              speed 255
          液晶显示屏 mylcd 在第 1 行第 6 列打印 "GoLeft"
          播放声音(无定时器) 管脚 # 3 频率 NOTE_D3 持续时间 100 毫秒
     否则 执行 goBcck 参数：
              speed 255
          液晶显示屏 mylcd 在第 1 行第 6 列打印 "GoBack"
          播放声音(无定时器) 管脚 # 3 频率 NOTE_E5 持续时间 100 毫秒
否则 执行 stop
```

（d）自动避障小车控制程序

图 6-8-2　自动避障小车程序(续)

3)硬件调试

仿真运行结果正确后,搭建硬件电路,在硬件中验证自动避障小车功能。

(1)准备硬件。准备 Arduino 主控板、USB 线、面包板、排线、红外收发及红外测距传感器、LCD1602、电动机、电阻、二极管、扬声器。

(2)搭建电路。根据仿真电路图,搭建自动避障小车硬件电路。

(3)下载程序。使用 USB 线连接 Arduino 主控板与计算机,单击 Mixly“上传”按钮,等待显示上传成功,调试自动避障小车硬件电路。

附录 A 图形符号对照表

图形符号对照表见表 A-1。

表 A-1　图形符号对照表

名　　称	仿真电路中的图形符号	国家标准中的图形符号
发光二极管		
晶体管		
二极管		
与门		&
非门		1